PHYSIOLOGIE
DE L'UNIVERS,

COSMOLOGIE,

OU

LES SECRETS DE L'UNIVERS ENFIN PÉNÉTRÉS,

Par VULLIET DURAND

DE LYON.

Fiat lux.

PARIS.

MONTMIREL et LEMAIRE, COMMISSIONNAIRES,
Rue Hautefeuille, 16.

LYON.

Ch. SAVY, LIBRAIRE, PLACE BELLECOUR, 14

MONTPELLIER

SAVY, LIBRAIRE, GRANDE-RUE, 5.

1851.

PHYSIOLOGIE

DE L'UNIVERS.

Lyon.—Impr. et Lith. Nigon, rue Chalamont, 5.

PHYSIOLOGIE

DE L'UNIVERS,

COSMOLOGIE,

OU

LES SECRETS DE L'UNIVERS ENFIN PÉNÉTRÉS,

Par VULLIET DURAND

DE LYON.

Fiat lux.

PARIS,

MONTMIREL ET LEMAIRE, COMMISSIONNAIRES,
Rue Hautefeuille, 46.

LYON.

CH. SAVY, LIBRAIRE, PLACE BELLECOUR, 14.

MONTPELLIER

SAVY, LIBRAIRE, GRANDE-RUE, 5.

1851

PHYSIOLOGIE
DE L'UNIVERS,

COSMOLOGIE,

ou

LES SECRETS DE L'UNIVERS ENFIN PÉNÉTRÉS.

RÉNOVATION.

Malgré la défectuosité de tous les systèmes du monde donnés par tous les philosophes anciens et modernes, j'oserai en produire un, parce qu'il est vrai et incontestable, et qu'il amène avec lui une multitude de découvertes qui sont de la première importance pour l'homme ; en voici le sommaire :

SOMMAIRE DES DÉCOUVERTES QUE RENFERME CET OUVRAGE.

Découverte du fluide atomique, soit éther atomique, qui remplit l'espace infini.

Qu'il est l'élément de toutes choses, absolument de tout, même du feu.

Découverte de ce qu'est le fluide igné. Il est formé de fluide atomique.

Découverte de ce que c'est que le feu. Il est le résultat d'une nature de mouvement.

Découverte de la vraie théorie de la combustion.

Découverte qui apprend que tous les corps, absolument tous, sont des combustions, sont des natures diverses de combustion.

Découverte de ce que c'est vraiment que l'espace. Sa puissance infinie. Nature de Dieu, de l'âme immortelle, des âmes.

Découverte de la véritable loi du mouvement général dans l'univers.

De la combustion; ce que c'est que la mort et la vie.

Découverte de la véritable cause de la gravitation universelle, qui n'est pas l'attraction.

Du soleil, des planètes et des comètes.

De la voie lactée. Découverte de ce qu'elle est, de ses immenses fonctions dans l'univers.

Découverte de l'origine de tous les corps célestes; du berceau, de l'*initium* de tous les corps célestes, de tous les tourbillons, de leur formation, de leur naissance.

Découverte de ce que c'est que les étoiles nébuleuses.

De la terre, planète que nous habitons.

Découverte du renouvellement continuel de son atmosphère.

Découverte de ce que c'est que le grand être vaporeux, nuageux, c'est-à-dire l'ensemble de tous les nuages qui existent dans l'atmosphère entière du globe terrestre; que c'est un être distinct du globe terrestre, qui a sa vie propre, mais qui est soumis au globe hiérarchiquement.

Lutte continuelle entre ces deux êtres. — Qu'un orage est une bataille. — Des ouragans qui accompagnent toujours les forts orages.

Découverte de ce qui cause la grêle.

Découverte de la cause des vents.

Découverte que les nuages se génèrent ; de leur naissance et de leur mort.

Découverte que l'eau est un corps mort, un cadavre, un *caput mortuum*, le cadavre des nuages.

Découverte que l'eau se renouvelle sans cesse sur le globe terrestre, ainsi que l'atmosphère.

Découverte de la cause qui fait que les mers ne grossissent pas, n'inondent pas tout le globe terrestre, malgré la génération continuelle des nuages, malgré, par conséquent, l'augmentation continuelle des eaux, mais que la quantité des eaux se maintient toujours ce qu'elle doit être seulement pour la satisfaction des besoins qu'en a le globe terrestre.

Découverte de la cause qui produit ce qu'on appelle improprement *cailloux roulés*, ce qui produit l'argile, le sable.

Découverte que l'homme est, comme l'univers, un et multiple ; que tous ses viscères ont leur vie propre, mais soumise harmoniquement et hiérachiquement à son unité, et que c'est de cette vie propre des viscères que part l'instinct conservateur de l'homme à son insu.

Découverte de la cause de la salure des eaux des mers.

Le fluide ou éther atomique est encore entièrement inconnu : ce que je regarde comme un des plus étonnants miracles, tellement il frappe continuellement nos sens.

Le fluide igné que nous envoie le soleil est, à la vérité, connu, mais on n'en conçoit pas l'entretien ; il nous l'envoie sans jamais s'épuiser, parce que sans doute, a-t-on dit, il avale de temps à autre des comètes. Huyghens et Euler ont produit un autre système par lequel ils disent que la lumière et la chaleur sont le produit d'une vibration que le soleil imprime au fluide éthéré (Qu'est-ce que ce fluide éthéré ? Ils n'en savent rien), vibration qui produit des ondes lumineuses, comme le son nous parvient par des ondes aériennes, comme une pierre jetée dans l'eau produit une foule de cercles concentriques, qui vont en s'étendant, s'élargissant ; système assez ingénieux. Mais comment le soleil a-t-il sans cesse un mouvement de vibration qu'il communique sans cesse à l'éther ? Comment cette vibration donne-t-elle sans cesse à l'éther lumière et chaleur, si le soleil ne les a pas ? et s'il les a, comment les entretient-il ? Car tout feu, toute combustion a besoin d'entretien. L'onde aérienne nous transmet un son qui a été produit ; tant qu'on produit des sons, les ondes aériennes nous les transmettent ; mais quand la production s'arrête, notre oreille n'entend plus rien. Je prouverai l'émission que fait le soleil du fluide igné et l'entretien de la combustion solaire ; je donnerai enfin la vraie explication d'une multitude de phénomènes qui sont très mal expliqués, et je prouverai la réalité de toutes les découvertes que j'annonce. Voilà ce qui m'enhardit à produire ce véritable système du monde, entièrement nouveau ; je l'ose faire parce que je suis entièrement convaincu qu'il est la vérité pure. On en jugera.

J'entre en matière.

L'espace, le temps, la matière, le mouvement, la puissance gubernatrice, constituent l'univers, sujet de mes investigations. La matière est un nombre infini d'atomes incréés, impénétrables ou indestructibles et indivisibles ; ils sont sphériques, noirs et froids, et de la plus extrême ténuité, la même pour tous. Quoique, en nombre infini, ils ne remplissent pas tout l'espace ; le mouvement le prouve. Si l'espace était absolument plein, même d'atomes sphériques qui laissent de l'espace entre eux, aucun mouvement ne pourrait avoir lieu : deux sphères qui se touchent ne se touchent qu'en un point. Il y a donc dans l'univers

le vide qui existerait entre des atomes sphériques qui se
toucheraient, et de plus le vide qui existerait entre les
tourbillons ou systèmes solaires, qui ne peuvent pas se
toucher dans tous les points de leur surface, non plus
que des sphères ou ellipses. Sans ce vide entre tous les
tourbillons solaires, le fluide universel atomique, dans
lequel voguent tous les corps célestes, ne pourrait se
mouvoir, car chaque atome sphérique, entouré et
touché par douze autres, ne pourrait jamais les écarter,
et dans le nombre infini des atomes, chacun d'eux étant
ainsi enchâssé, plus de mouvement possible. Mais ce
vide entre les tourbillons solaires ou stellaires donne du
jeu à l'éther atomique et rend possibles en lui tous les
mouvements. Au reste, ce vide n'existe pas ainsi,
mais il est distribué dans tout le fluide atomique, dans
tout l'univers, par l'effet du mouvement général dont
je parlerai. Ce que je dis est pour donner un rapport du
plein au vide. Il faut à présent justifier tout ce que
j'attribue aux atomes. Leur nombre infini: le spectacle
du ciel l'atteste, et ce que j'ai à en dire le démontrera
complétement; leur incréation sera démontrée dans
mon chapitre sur l'espace. J'attribue aux atomes
élémentaires la forme sphérique, parce que c'est la
plus propre à la fluidité ou au mouvement dans toutes
les directions. Quant à l'indivisibilité, je vais attaquer
le plus fort argument qu'on ait employé pour établir la
divisibilité de la matière à l'infini. On a nié les atomes
en disant qu'ils ont l'étendue et qu'on peut toujours
retrancher à ce qui est étendu; voyons si on le peut

toujours ou jusqu'à quel point on le peut. Je ne crains pas d'admettre que ce qu'on peut concevoir puisse être. On a dit que la matière était divisible à l'infini, parce que, tant que les atomes auraient une figure quelconque, ils auraient des parties, une gauche, une droite et qu'on pourrait dès lors diviser. J'avoue qu'on le conçoit, mais je dis qu'on ne le conçoit que jusqu'à un point au-delà duquel on ne le conçoit plus. Voici l'image la plus forte qu'on ait pu faire pour démontrer la divisibilité à l'infini de la matière, et qui a semblé concluante; j'en tirerai une conclusion toute contraire.

Imaginez un fil conduit du centre de la terre au firmament, à travers le soleil; supposez ce fil en mouvement, de manière que son extrémité supérieure ne parcoure pas une étendue plus grande que celle d'une seule ligne; le mouvement se communique à toutes les parties du fil, qu'il faut supposer inflexible dans toute sa longueur. Mais la vitesse de toutes les parties du fil n'est pas la même; les arcs que ces parties décrivent ne sont pas égaux entre eux; plus ces parties sont voisines du centre de la terre, qui est aussi l'extrémité inférieure du fil, moins elles ont de vitesse, plus les arcs décrits sont petits au-dessous du soleil; les arcs sont beaucoup plus petits qu'au-dessus; ils décroissent à mesure qu'ils s'approchent du centre; enfin, ils sont infiniment petits dans la proximité de ce centre. Cet espace d'une ligne que parcourt l'extrémité supérieure du fil a donc autant de parties qu'il y a de différences proportionnelles dans la grandeur des arcs décrits depuis une extrémité jusqu'à l'autre.

Voilà bien une extrême division, je l'avoue; qu'on fasse même parcourir à ce fil, au lieu d'un arc d'une ligne, seulement la millionième partie d'une ligne, voilà une bien plus excessive division; mais si cela se conçoit, je l'admets. On ajoute :

Que sera-ce, si vous percez dans l'infini, si vous prolongez ce fil autant que l'espace a d'étendue à l'infini? Quel sera alors le terme de la division? et qui pourra distinguer la matière et l'espace? Donc, dit-on, la matière est divisible à l'infini. Ceci, on ne peut plus l'admettre, parce qu'on ne le conçoit pas. Il faut, pour ce raisonnement, deux extrémités à ce fil, quand vous le prolongez de manière à ce qu'il n'en ait point, c'est-à-dire à l'infini, comment voulez-vous qu'une extrémité (il n'en a point) s'écarte et trace un arc, des arcs? Cela ne peut plus être. Mais, dites-vous, il a une extrémité au centre de la terre; c'est à celle-là que je ferai décrire un petit arc. Vaine ressource! Le fil est plongé dans l'infini, il est impossible alors de le supposer inflexible; l'opération ne peut plus être. Il faut absolument deux extrémités à votre fil; pour que vous puissiez en écarter une, il faut un appui à l'autre : vous sentez bien qu'il en faut une autre.

Votre proposition ne se conçoit plus, donc la matière n'est pas divisible à l'infini. En disant : Qui pourra alors distinguer la matière de l'espace? vous croyez avoir opéré la destruction de la matière, mais vous avez seulement opéré une division *intus* dans l'être matériel et nullement une destruction; c'est bien différent. J'admets donc l'excessive division que vous avez faite de la matière, je l'admets aussi excessive que vous avez pu la concevoir, et je dis que vous avez enfin trouvé les atomes impénétrables; si vous ne voulez pas encore vous rendre, et que, vous jetant dans un dernier retranchement, vous disiez : Ce n'est pas seulement la millionième partie d'une ligne que je veux faire parcourir au fil, mais seulement l'épaisseur d'un atome, d'un des atomes que vous venez de dire être impénétrables, indivisibles... Allons, d'abord, votre fil est composé, est fait d'atomes, mais ils sont encore plus petits que les miens; divisez, et si vous pouvez concevoir cette extrême division, je vous dirai même de recommencer plusieurs fois l'opération, en amincissant toujours votre fil, et comme vous ne pouvez pas recommencer à l'infini, vous retombez dans le même inconvénient que celui de prolonger votre ligne à l'infini, ne lui donnant point d'extrémités. Enfin, je prends pour atomes la plus grande division de la matière à laquelle l'audacieuse, l'intrépide imagination puisse atteindre, et je les démontre impénétrables, indivisibles et indestructibles, même par le plus grand instrument de destruction, le raisonnement.

J'ajoute que la plus forte, la plus puissante imagination ne peut pas aller bien loin, quand elle se prend avec l'infini, et qu'en prolongeant son fil même au-delà du firmament, et par quelque nombre qu'elle veuille le multiplier, cette ligne finie sera le diamètre ou le rayon d'une sphère qui ne sera qu'un point, qu'un grain de sable dans l'espace infini.

J'ai justifié l'indivisibilité, l'indestructibilité et l'extrême ténuité des atomes ; à présent je dis qu'ils sont noirs et froids. Il faut l'établir. J'ai vu la clarté et la chaleur du jour, les ténèbres et le froid de la nuit, et j'ai cherché si le noir, le froid était une négation du blanc, du chaud, comme on le veut absolument. Ce phénomène perpétuel de jour et de nuit qui renferme en lui tout le secret de l'univers, bien examiné, bien médité, m'a montré ce qui suit. La lumière, ou plutôt le fluide igné, est une émission continuelle du soleil dans l'espace en rayons divergents ; il s'éloigne avec une merveilleuse vitesse et ne revient jamais sur lui-même. (Je fais ici abstraction de toute réflexion et réfraction qui changent sa route.) Ce fluide se dissout peu à peu en s'éloignant ; il s'éteint graduellement et dans un éloignement immense ; entièrement éteint, il est noir, il est froid. Il ne s'arrête pas pour cela ; au contraire, sa vitesse est alors plus grande, je le prouverai et dirai pourquoi. Chaque rayon continue donc sa course dans l'espace jusqu'à ce qu'enfin il rencontre un corps céleste, soleil ou planète ; en cet état de rayon noir et froid, c'est un rayon d'atomes. Chaque étoile, de même que notre soleil, émet du fluide igné, qui répand la lumière et la chaleur autour de lui à d'immenses distances, et dont tous les rayons vont aussi s'éteignant graduellement, et ces rayons éteints, continuant leur course, finissent aussi par rencontrer un corps céleste, planète ou soleil. Voilà donc l'espace rempli en égale quantité de rayons noirs et froids comme de rayons blancs et chauds ; voilà mes atomes : ai-je raison de dire qu'ils sont noirs et froids? A présent je demande si le noir est une qualité négative du blanc, le froid une qualité négative du chaud, ou si au contraire le blanc, le chaud sont la négation du noir, du froid. Il faut dire pourquoi et comment il se fait que le soleil envoyant perpétuellement cette énorme quantité de rayons ignés, sa masse ne diminue pas. On vient de voir que tous ces rayons éteints, par conséquent froids et noirs, continuant incessamment leur route, ne pouvaient manquer, dans un éloignement quelconque, de rencontrer un corps céleste ; comme le nombre des étoiles ou soleils est infini, il s'ensuit que chacun d'eux reçoit des rayons noirs et froids convergents autant qu'il émet de rayons blancs. Ainsi donc, le soleil est alimenté continuellement par le fluide atomique, émission de soleils immensément éloignés, de même que l'émission de ses rayons sert, après leur extinction, à l'entretien d'autres soleils ; le fluide atomique qui aborde au soleil en rayons convergents sur tous les points de sa surface n'est pas émis par les étoiles que nous apercevons, mais par celles plus éloignées que nous ne voyons pas, attendu que les rayons des étoiles que nous voyons ne sont pas encore éteints, sont encore du fluide igné, mais prodigieusement affaibli. Il est donc incontestable que tous les soleils émettent sans cesse leur propre substance, le fluide igné, recevant sans cesse aussi en fluide atomique la substance dissoute des autres soleils, et ils reçoivent en même quantité qu'ils émettent, s'entretenant tous par un continuel échange. Le fluide igné du soleil qui tombe sur les planètes qui lui appartiennent et qui le lui réfléchissent ne peut lui parvenir, s'il n'est tout-à-fait dissous en fluide atomique, de même que le fluide des étoiles visibles ne peut non plus lui parvenir, parce qu'il n'est pas encore éteint entièrement et qu'il est détourné du soleil par la force de ses rayons, le fluide igné étant répulsif du fluide igné. S'il était nécessaire, ce que je ne crois pas, d'appuyer sur ce que je dis de la dissolution ou extinction de la lumière et du feu des rayons solaires dans un grand éloignement, je ferais remarquer combien la lumière du soleil que la lune nous envoie est affaiblie ; je ferais remarquer encore combien est plus immensément affaiblie la lumière du soleil réfléchie par la terre à la lune et que la lune nous renvoie : elle est presque éteinte par cette double réflexion, et cependant deux fois la distance de la terre à la lune ce n'est pas dans l'univers une bien grande distance. Je rendrais cela incontestable par cette autre remarque, que, la nuit, nous voyons la voûte azurée parsemée d'étoiles, tandis que nous ne verrions point de voûte azurée, mais une voûte de feu ininterrompue, si la lumière des étoiles plus éloignées n'était éteinte, dissoute. Il y a dans cette remarque quelque chose de plus remarquable qu'elle encore, c'est sa puérilité ; en effet, si le feu, la lumière des étoiles les plus éloignées n'était dissous, éteint, c'est que le fluide igné des soleils serait inextinguible ; dès lors il ne s'affaiblirait pas même par la plus énorme distance, et il n'y aurait plus de nuit , plus de ténèbres nulle part.

La terre que nous habitons reçoit sans cesse , le jour et la nuit , des torrents de fluide atomique, le plus pénétrant des fluides , et , le jour seulement , elle reçoit des rayons ignés , propre substance du soleil , dont une faible partie la pénètre , mais peu profondément , et la plus grande partie se réfléchit ; elle reçoit aussi d'autres fluides émis par les planètes. Il suit de là que sa masse devrait sans cesse augmenter , si elle n'émettait aussi , par une déperdition continuelle , sa propre substance transformée en fluides divers , entre autres l'air de son atmosphère , lequel se renouvelle incessamment et va aussi se dissoudre dans l'espace à de grands éloignements en éther ou fluide atomique , mais sans doute à d'assez grands éloignements pour qu'il lui soit possible , avant sa dissolution , de porter son influence sur les autres planètes, en restitution ou échange de celles qu'elles lui envoient. (Qu'on ne se récrie pas encore sur ce que je dis là du renouvellement continuel de notre atmosphère , qu'on attende les preuves que j'en donnerai plus loin.) La même chose arrive à toutes les planètes et à tous les corps qu'elles renferment , en sorte que partout toutes les parties de la matière sont , par l'effet du mouvement, en pérégrination perpétuelle, allant successivement et toujours , de combinaison en dissolution et de dissolution en combinaison , occuper tous les lieux de l'univers.

L'espace est donc rempli de ces deux fluides que le

mouvement entraîne dans des directions opposées et qui se croisent dans tous les sens : l'un lumineux, l'autre parfaitement noir ; l'un chaud, l'autre froid. Le fluide igné est composé de globules qui se suivent de près sans se toucher. Un globule lumineux est le type du soleil ; comme lui, il s'entretient d'atomes noirs, comme lui, il émet de petits rayons blancs. Ainsi, quand nous levons les yeux au ciel, ces petits rayons blancs frappent notre œil ensemble avec les rayons noirs, et, de ce mélange, il résulte pour notre œil, qui plonge dans des régions d'un éloignement immense, la couleur azurée du ciel : plus l'air est pur, le temps serein et la nuit profonde, plus la couleur bleue est foncée ; et sans cette émission des petits rayons blancs pendant la nuit, quand aucune reflexion de lumière ne vient frapper notre œil, nous verrions le ciel parfaitement noir et comme un gouffre horrible parsemé d'étoiles.

Pourquoi le froid est-il plus vif sur les montagnes que dans les plaines ? Si l'on se transporte sur les hautes montagnes, on éprouve un froid excessif ; à 1,500 toises environ au-dessus du niveau de la mer, la neige ne se fond plus, sous les tropiques même et à un soleil ardent, et pourtant la clarté, la lumière y est la même que dans les plaines.

Comment donc concevoir que le calorique et la lumière soient le même être, le feu ? La réponse est que les montagnes reçoivent beaucoup plus de rayons frigorifiques que les plaines. Ces rayons venant de toutes les étoiles, qui ne paraissent pas à cause de l'extinction de

leur fluide causée par leur prodigieux éloignement,
arrivent en convergeant; chaque point du sol est le
foyer ou plutôt le point de jonction d'un grand nombre
de ces rayons (car le mot *foyer* ne convient pas en
parlant de rayons froids). Si, dans les plaines, il en
arrive d'un grand segment sphérique, sur les hautes
montagnes il en arrive de plus d'un hémisphère, sur-
tout sur les sommets. Tous les rayons horizontaux à une
grande hauteur ne frappent pas les plaines; ils passent
au-dessus, mais ils frappent les montagnes. Les plaines
reçoivent donc beaucoup moins de rayons frigorifiques
que les montagnes; ces rayons frappent en grande
abondance sur le sommet, sur les flancs, pénètrent et
refroidissent l'intérieur de ces montagnes, on le
conçoit, beaucoup plus que les plaines : ces montagnes
sont pour ainsi dire de petits demi-globes posés sur le
grand. Ici donc les rayons froids l'emportent sur les
rayons chauds du soleil; de plus, les rayons du soleil se
réfléchissent ou rejaillissent en plus grande partie,
tandis que les rayons noirs ne réjaillissent pas, mais
pénètrent en entier. On sait bien que, dans les plaines
d'une grande étendue et qui ne sont bornées par des
montagnes que dans un horizon fort éloigné, il fait plus
froid que dans des plaines moins grandes et bornées
par des coteaux ou monticules peu éloignés; c'est que
dans les grandes plaines il arrive un bien plus grand
nombre de rayons froids que dans les autres, qui sont
abritées par ces monticules peu éloignés, lesquels en
interceptent un grand nombre. Ainsi donc, ce qui a

dérouté les physiciens qui ne connaissaient pas le fluide atomique, ce qui semblait prouver que calorique et lumière étaient deux corps distincts, ne le prouve pas du tout. Le froid et le noir sont inhérents au fluide atomique comme le calorique et la lumière sont inhérents au fluide igné, et le froid et le noir ne s'accompagnent pourtant pas toujours, de même que le calorique et la lumière non plus ne s'accompagnent pas toujours, et cela à cause de divers mélanges en certaines proportions des deux fluides.

Je viens de dire que le fluide atomique ne rejaillissait pas. On comprend bien que les atomes étant d'une dureté parfaite, impénétrables, ne peuvent avoir aucune porosité, aucun retrait sur eux-mêmes, par conséquent aucune élasticité, tandis que le fluide igné en a une parfaite.

Lorsque la lune est en opposition, c'est-à-dire au plein, les rayons du soleil qui la frappent se réfléchissent ou rejaillissent jusqu'à nous, et nous voyons un disque tout blanc briller au ciel; lorsque la lune, au contraire, est en conjonction, nous ne la voyons pas, et nous verrions un disque noir si les rayons noirs rejaillissaient. En vain dirait-on : Puisque nous voyons les ombres des corps, cela indique qu'ils rejaillissent; je répondrai que nous voyons les ombres des corps, ou plutôt que nous jugeons qu'il y a des ombres aux corps, parce que les rayons de la lumière rejaillissent de tous les contours de l'ombre et par conséquent la dessinent. Dans une nuit bien profonde, et par un temps couvert, nous ne voyons rien, rien ne se dessine, les corps n'ont plus de lignes, plus de contours; dans les ténèbres, tout est noir et sans formes, et si les rayons noirs rejaillissaient, nous verrions les formes des corps, tout en les voyant noirs, ou plutôt nous connaîtrions les formes des corps, quoique noirs, car le mot *voir* se rapporte à l'œil, et l'œil est construit pour être affecté par les rayons lumineux. Si encore on dit : Mais, dans une éclipse de lune, elle nous envoie des rayons noirs, je réponds que nous devons voir l'ombre de la terre se promener sur la lune, mais par la même raison qui fait que nous voyons l'ombre des corps, parce que la lumière qui rejaillit des contours de l'ombre nous en donne connaissance. Si l'éclipse est totale, en ce moment-là, les contours azurés du ciel la dessinent. Il est de toute certitude que le fluide atomique n'a aucune élasticité : les rayons noirs ne rejaillissent pas.

Nous avons vu que le soleil est alimenté par des ondées continuelles d'atomes, du noir et du froid de la plus absolue intensité, qui affluent sans aucune cesse sur tous les points de sa surface en rayons convergents, et qu'il en est de même pour toutes les étoiles.

Ce fluide de ténèbres et de froid circule, s'élabore et se transforme dans ses organes, dans ses entrailles, qu'il renouvelle sans cesse, ainsi que toute sa masse, car c'est le sang du soleil, et, en échange de ce fluide noir, il émet en rayons divergents et en même quantité qu'il reçoit, le fluide le plus brûlant, le plus éclatant, le feu, la lumière.

La cause si cachée d'un si grand, si étonnant changement, je l'ai pénétrée quand j'ai eu découvert la véritable loi du mouvement dans l'univers, loi principale de la nature, clef de voûte de tout l'édifice universel. Cette cause, je la relaterai dans le chapitre du mouvement. J'ai trouvé les plus épaisses ténèbres, et j'en ai tiré la lumière; le froid mortel, et j'en ai tiré le feu; la vie, et j'ai construit le vrai système du monde, l'indestructible, j'en suis convaincu.

L'opération par laquelle le fluide atomique subit sa transformation en fluide igné, est une combustion qui marche du simple ou de l'élément au composé: c'est une synthèse; celle par laquelle le fluide igné marche à sa transformation en fluide atomique, est une combustion par analyse: c'est la marche du composé au simple, à l'élément. Ces deux transformations renferment tous les phénomènes de l'univers, absolument tous.

Voilà donc deux fluides qui sont dans le contraste le plus parfait; il n'y a qu'opposition entre eux. Voyons-les.

Le fluide atomique pur, tel qu'il arrive au soleil, est noir, de la plus grande intensité, froid absolu; en lui existe le silence absolu de la nature; il y a impossibilité qu'il y soit produit le plus léger son; il est non réfrangible tant qu'il est pur, c'est-à-dire qu'il ne peut être détourné de la ligne droite qu'il parcourt par la rencontre ou l'obstacle d'aucun fluide; il n'a aucune élasticité; il comprime, resserre, condense sur la terre et sur tous les globes seulement, mais dans toutes les parties de l'espace où il règne seul ; il dissoudrait à l'instant tous les corps, même les plus durs, s'il en trouvait, et les résoudrait en lui-même ; il est la cause de la pesanteur, de la gravitation universelle.

Tous les atomes qui le composent sont isolés, sans aucune cohésion entre eux ; il est l'élément unique de tous les fluides, de tous les corps quelconques, célestes et autres, de tout ; il est la matière morte.

Le fluide igné est au contraire blanc, éclatant, feu absolu, principe des sons ; réfrangible, éminemment élastique, il dilate, il diminue la pesanteur ; il est le principe de la cohésion ; il est déjà un corps ; il est la matière vivante.

Ainsi donc il est bien avéré que le froid n'est point une qualité négative, mais bien une substance réelle.

Je dis que le froid est l'élément du feu, lequel feu est déjà un corps ; qu'il est l'élément de toutes choses ; qu'il entre en quantité telle quelle dans la composition de tous les corps avec le feu, qui entre aussi en quantité telle quelle dans cette composition, ou ce qui est la même chose que ce mélange. Je dis que le froid, en divers états de transformation, constitue lui seul tous les corps. Cette dernière assertion sera rendue claire dans le chapitre du mouvement.

Tous les corps, absolument tous, corps célestes et corps qui leur appartiennent, sont donc composés de fluide atomique et de fluide igné, c'est-à-dire de noir et de blanc, c'est-à-dire de froid et de feu, et ne diffèrent entre eux que par les diverses proportions du mélange : dans le soleil, le fluide atomique subit une transformation complète; il est transformé en feu; dans les planètes et autres corps, il subit une transformation mixte; je dirai pourquoi. Il tient ou plus du fluide atomique ou plus du fluide igné, et l'on voit que cela équivaut à un mélange.

Il y a deux grands phénomènes dans l'univers, principes de tous les autres : celui par lequel le fluide atomique se précipite dans les soleils et y subit la transformation ignée (transformation qui ne consiste qu'en un arrangement et un état de cohésion des atomes entre eux, puisque les atomes sont inaltérables, impénétrables), et le phénomène par lequel le fluide igné parcourant l'espace subit graduellement, en s'éloignant de son origine, sa transformation en fluide atomique, retourne à l'état élémentaire d'où il était sorti; tous les autres phénomènes dans l'univers et sur la terre sont médiats entre ces deux torrents qui dans le temps entraînent tout; ils en dérivent et y retournent.

Ces deux fluides, ces deux grands phénomènes se partagent l'univers perpétuellement par un cours ininterrompu, en sorte qu'il y a toujours dans l'espace autant de l'un que de l'autre.

Lorsque le fluide atomique arrive au soleil sans interruption, sans rencontre aucune, lorsque le fluide igné (c'est-à-dire les rayons solaires) s'éloigne du soleil, parcourant l'espace sans interception, et va s'éteindre sans rencontre aucune de planète ni de comète, alors ces

deux transformations s'opèrent immédiatement, sans
autres phénomènes; mais lorsque ces deux fluides ren-
contrent des corps dans l'espace, une planète, une
comète, la terre par exemple, alors les diverses proportions de leur mélange produisent des transformations
médiates, des mixtes, des phénomènes intermédiaires
entre ces deux extrêmes transformations, but de toutes
les autres, but de tous les phénomènes physiques que
nous observons sur la terre.

Nous avons vu que les soleils entretiennent les soleils;
nous avons vu comment, il est inutile de le répéter, les
planètes s'alimentent aussi de fluide atomique, qui leur
est fourni par une foule de soleils éloignés, et de fluide
igné, qui leur est fourni par le soleil auquel elles appartiennent; ainsi les soleils sont tous nécessaires à tous;
les soleils sont nécessaires aux planètes, qui leur sont
nécessaires aussi. Voici comment: les deux fluides ne
marchent pas avec la même vitesse; quelque prodigieuse
que soit la marche de la lumière, le fluide atomique va
plus vite encore; je le dis ici; je le prouverai en traitant
du mouvement.

La vitesse du fluide entrant étant donc plus grande
que celle du fluide sortant, le soleil recevrait trop de
fluide atomique et serait bientôt éteint, comme une
lampe qui reçoit trop d'huile, si l'interposition des
planètes, en lui interceptant du fluide atomique, ne
rétablissait l'équilibre; les planètes sont donc absolument nécessaires au soleil.

Les soleils doivent émettre autant de fluide qu'ils en

reçoivent ; il faut absolument qu'il y ait autant de fluide sortant que de fluide entrant, et il en est certes bien ainsi, malgré la différence de vitesse de marche des fluides, et ce ne peut pas être autrement, puisque, partout, ces deux fluides sont le produit l'un de l'autre ; il en est ainsi, mais cependant pas toujours ; c'est ce que j'expliquerai et ferai comprendre dans mon chapitre sur la combustion.

La nécessité de planètes pour les soleils est une nécessité de position ; d'après la position respective des étoiles, un grand nombre d'elles a besoin de planètes, peut-être un grand nombre n'en a-t-il pas besoin et n'en a point. La distribution de ces fluides ne peut pas être également répandue partout et doit être plus abondante ici et moins là, à cause de l'irrégularité de la position des étoiles. Cette irrégularité fait aussi que les soleils qui ont des planètes en ont plus ou moins. Les planètes, ai-je dit, absorbent du fluide atomique et du fluide igné ; il faut bien dire aussi qu'elles ont de même leur émission de fluide qui va se dissoudre de même dans l'espace en fluide atomique ; ainsi donc elles rendent ce qu'elles ont reçu, et, par là, l'équilibre général est toujours maintenu.

Ce que je viens de dire établit la dépendance mutuelle de tous les corps répandus dans l'espace, de tous les corps et de tous les fluides, et il en résulte clairement que tout l'univers matériel est une unité ; c'est une unité répandue dans une autre unité (l'espace) qui lui est d'une absolue nécessité. L'univers matériel est dans l'espace comme l'espace est en lui ; ces deux unités sont inséparablement unies.

L'univers matériel, unité vivante, renferme en lui la mort et la vie, autant de matière morte que de matière vivante, ces deux matières s'entretenant mutuellement avec parfaite égalité et perpétuellement ; les autres unités vivantes qu'il renferme en lui partagent cette vicissitude et vont sans cesse de la vie à la mort, de la mort à la vie.

Nous pouvons poser en principe qu'en l'univers matériel il y a unité et multiplicité. Dans le fluide atomique pur, ai-je dit, existe le silence absolu de la nature ; il n'y peut être produit aucun son, l'expérience le prouve. Les aéronautes, parvenus à une très grande hauteur, entendent à peine l'explosion d'un coup de pistolet, et on a depuis longtemps remarqué que même sur la terre, dans un très grand froid, le bruit est amoindri, les instruments de musique sont beaucoup moins sonores. Ce fluide est non réfrangible et ne se détourne jamais de sa route que dans sa rencontre avec les corps ; en effet, il est de tous les fluides celui qui a la plus grande ténuité, il est donc le plus pénétrant de tous ; n'ayant aucune élasticité et étant le plus pénétrant de tous les fluides, il doit resserrer, condenser tous les corps, et c'est bien ce qui arrive sur la terre et sur tous les corps ; mais j'ai à établir que le froid absolu, qui n'existe que dans les espaces très éloignés, aurait un effet tout contraire, c'est-à-dire dilaterait, détruirait et dissiperait à l'instant tout corps, même le plus dur, s'il en pouvait rencontrer, le réduisant en lui-même, en fluide atomique; de même que le fluide igné, quoique principe de la cohésion, détruirait à l'instant tout corps qui arriverait au soleil (s'il était possible qu'il en parvint, ce qui n'est pas) et le réduirait en lui-même, en fluide igné.

Le fluide atomique tend à anéantir le fluide igné et tous les corps, de même que le fluide igné tend à anéantir le fluide atomique et tous les corps, et à tout réduire en lui-même; l'un et l'autre tend à tout envahir et ne le peut; ainsi il y a dans l'univers lutte perpétuelle entre la vie et la mort. Cette tendance de ces deux fluides nous montre bien que, comme je l'ai dit, le froid absolu détruit tous les corps, mais il ne peut exister absolu sur la terre. Cette tendance nous apprend que chaque corps ou chaque combustion, ce qui est la même chose, comme je le ferai voir, exige, suivant sa nature, un mélange différent, des proportions différentes de l'un et de l'autre fluide; trop de fluide atomique anéantit le fluide igné en le transformant en lui-même, ce qui arrive perpétuellement dans les espaces éloignés; trop de fluide igné anéantit aussi le fluide atomique en le transformant en lui-même, ce qui arrive sans cesse dans les soleils, et entre ces deux immédiates transformations, ces deux extrêmes de la combustion, se placent toutes les transformations médiates, combustions intermédiaires, qui toutes exigent des proportions différentes des deux fluides, c'est-à-dire se placent tous les phénomènes qui ont lieu dans les planètes, tous ceux que nous voyons sur la terre, l'innombrable quantité de combustions ou d'êtres, animaux, végétaux, de combustions de dissolution, qui font d'un seul être ou d'une combustion éteinte des millions d'êtres ou de combustions nouvelles ; combustions qui toutes donnent des produits différents, parce que les proportions des deux principes qui les constituent sont différentes ; combustions qui diffèrent dans leur durée comme dans leurs produits : les unes, les plus promptes, instantanées, les explosions par exemple ; les autres d'une durée plus que séculaire, les arbres, certains animaux, l'homme ; d'autres encore dont la durée excède des millions d'années, même de siècles, les planètes, la terre. Toutes ces combustions, ces êtres, ces phénomènes que j'ai dit être intermédiaires, sont renfermés enfin dans la combustion, dont la durée est infinie, qui donne tous les produits, dans l'être qui les renferme tous, l'univers, le tout. Je jetterai mes regards sur ces phénomènes intermédiaires; il faut les interroger.

DE L'ESPACE.

Identité de l'espace et du temps et de l'esprit ; l'espace est la cause du mouvement. — Action de l'espace sur la matière, sur tous les événements ; l'espace, âme du monde ; l'espace, principe de la vie ; l'espace, grand livre des destins.

L'espace est immatériel, immobile, incréé, indestructible et illimité ou infini, indivisible, mais mesurable jusqu'au point qui ne peut plus se mesurer.

Le temps est de même immatériel, immobile, incréé, indestructible et illimité ou infini, indivisible, mais mesurable jusqu'à l'instant qui ne peut plus se mesurer ; ils sont de plus sans formes, sans contours aucuns, sans couleurs, et d'une contiguité parfaite.

Voilà donc, pour le temps et pour l'espace, les mêmes attributs ; c'est donc la même chose. Oui, et je vais l'établir ; mais je dois préalablement faire observer que c'est la même chose en les considérant d'une manière absolue et générale, en les considérant relativement à l'univers, car je sais fort bien que, sous notre point de vue, ce sont deux choses différentes. Pour nous, le temps est la mesure des révolutions de notre globe autour du soleil ; ainsi, par exemple, sous la

même méridienne, des habitants du globe, à plusieurs
centaines de lieues les uns des autres, auront tous à la
fois, au même moment, midi du même jour, du même
mois, de la même année, et pourtant ils occupent tous
une partie différente de l'espace ; il est donc bien vrai
que, pour nous, ce sont deux choses différentes, deux
choses que nous avons besoin de différencier pour notre
usage, de même que nous appelons aussi espace la mesure des distances sur notre planète. Ainsi, pour nous,
le temps est la mesure du mouvement ; s'il n'y avait
point de mouvement, il n'y aurait point de temps ; mais,
en considérant le temps abstractivement, d'une manière
absolue, et relativement non pas au soleil, mais à
l'univers, mes raisonnements établissent que le temps
c'est l'espace, que l'espace c'est le temps. Entre les
attributs du temps, que je viens de décrire, je crois
n'avoir à justifier que son immobilité, tout-à-fait contraire aux idées reçues. Pour cela je dis : on divise le
temps en passé, présent et avenir ; pour nous, le passé
n'existe plus, le présent est insaisissable, le futur
n'existe pas non plus, mais le passé est en partie dans
notre mémoire ; il y existe en type ou idée ; le futur y
existe aussi en partie ; c'est-à-dire que les causes de
nos actions sont autant dans l'avenir que dans le passé,
car nous avons toujours en vue un but ou quelques
buts, qui sont la cause de nos actions ; ainsi le but futur
est la cause, les actions sont les effets ; mais, comme
les actions amènent tel résultat (soit le but qu'on se
proposait), on peut dire aussi que les actions sont les

causes qui ont produit l'effet, le but qu'on se proposait, et le tout est vrai. Ainsi les causes et les effets se confondent et s'enchaînent ; ainsi nous vivons dans le passé et l'avenir , ce qui compose le présent , qui n'est rien , qui n'est presque qu'une abstraction ; donc, même pour nous, le futur existe autant que le passé ; le but futur existe donc déjà ; autrement il ne pourrait pas être une cause ; s'il n'existait pas, il ne pourrait pas avoir d'action ; il existe dans notre cerveau en type (je dirai plus loin ce que c'est que ce type , ce que c'est que l'idée). Ce type y est entré , y est né par nos perceptions ; nous avons vu : l'idée type est née ; nous avons voulu , nous avons désiré (je n'établis entre désir et volonté d'autre différence que les difficultés qui accompagnent davantage le désir que l'autre volonté) ; ces désirs sont entrés dans notre cerveau , y sont nés , y vivent ; ce sont des types de différents états auxquels nous aspirons et qui dirigent nos actions ; maintenant, si nos actions ne nous font pas atteindre au but que nous nous proposions , ce qui arrive souvent, c'est que d'autres êtres veulent aussi atteindre au même but ; c'est que d'autres types du même but , types pareils, sont entrés , sont nés et vivent dans d'autres cerveaux ; c'est-à-dire, l'empêchement vient de la lutte entre les êtres ; autrement, c'est que la cause est combattue par d'autres causes pareilles , et qu'un même but a une grande quantité de types entrés dans une grande quantité de cerveaux , ce qui est une grande quantité de causes pareilles qui , se combattant pour atteindre à un

même et seul but, se détruisent, une seule y atteint.
Ainsi donc, les causes pareilles, pour un même but,
un but pareil, se combattent; c'est une homœopathie
morale.

Nous courons dans le temps comme dans l'espace,
qui l'un et l'autre sont immuables, immobiles; mais,
dira-t-on, nous mesurons le temps, c'est vrai; mais
nous mesurons aussi l'espace, et nous ne doutons pas
cependant que l'espace soit immobile; nous mesurons
l'espace, nous courons dans l'espace immobile, l'espace
ne court pas en nous; de même nous mesurons le
temps, nous courons dans le temps, le temps ne court
pas en nous; en courant dans l'espace, nous savons
parfaitement que nous ne pouvons pas le parcourir
tout et qu'il n'en existe pas moins immobile et infini;
cependant l'espace, où nous ne pouvons aller, est, pour
nous, comme s'il n'existait pas; eh bien! il en est de
même du temps: nous courons dans le temps, et celui
auquel nous ne sommes pas arrivés est, pour nous,
comme s'il n'existait pas; nous savons parfaitement
aussi qu'il est infini, mais pour être immobile, si nous
ne le comprenons pas, c'est que, pour nous, le temps
est le rapport qui existe entre les divers mouvements,
et nous ne pourrions comprendre l'*immobilité du temps*
que si nous pouvions remplir l'espace, car, si nous
remplissions l'espace, nous remplirions le temps, et, de
même que nous ne pouvons jamais parcourir deux fois
le même temps, jamais revoir le temps passé, de même
nous ne pouvons jamais occuper deux instants de suite

le même point de l'espace ; nous ne pouvons jamais revoir l'espace que nous avons vu ; nous ne pouvons que parcourir toujours l'espace, toujours de l'espace nouveau, vu qu'il n'existe point de repos absolu ; mais pourquoi toujours de l'espace nouveau ? parce que nous ne pouvons jamais remonter le temps ; le temps passé ne revient jamais. Or, le temps et l'espace étant la même chose, nous ne pouvons de même jamais reparcourir l'espace déjà parcouru par nous ; c'est une loi générale pour tous les atomes en nombre infini, pour tout le fluide atomique, pour le fluide igné, pour tous les corps en général, de ne pouvoir jamais occuper deux instants de suite le même point de l'espace, et jamais occuper de nouveau les points de l'espace qu'ils ont déjà occupés. Je traiterai cela ailleurs.

Ce même espace et ce même temps que nous avons parcourus et abandonnés, seront parcourus par les fluides atomique et igné, toujours semblables, et par d'autres corps ou semblables ou différents ; ainsi, par exemple, si dans des millions ou milliards de siècles l'espace que parcourt notre planète, l'orbite absolument la même qu'elle trace autour du soleil, se trouve être parcouru par une autre planète absolument pareille à la nôtre, et que toutes choses, toutes circonstances soient aussi pareilles, tous les événements qui s'y passeront seront absolument les mêmes que ceux qui se sont passés, se passent et se passeront sur la terre. Si cette nouvelle planète est différente en quelque chose de la nôtre, les événements alors seront aussi différents.

Mais, dira-t-on, notre planète parcourt toujours la même orbite; comment, en aucun temps, une autre planète viendra-t-elle occuper la même orbite et nous remplacer? Je réponds à cela que notre planète est, comme tous les êtres, sujette à naissance et à mort; son temps a commencé, son temps finira (je dois parler plus loin de la génération des planètes comme de celle de tous les corps); aussi dis-je que si une autre planète doit parcourir la même orbite que la nôtre autour d'un autre soleil, ce sera dans des millions ou milliards de siècles, après la fin, l'extinction, la dissipation de la nôtre, sa transformation en fluide atomique.

Mais, dira-t-on encore, notre planète parcourt toujours la même orbite, par conséquent toujours le même espace; elle revoit plusieurs fois le même espace et le même temps qu'elle a déjà vus et parcourus; vous êtes en contradiction avec vous-même; ainsi encore les événements devraient tous les ans être les mêmes. Je réponds et veux montrer qu'elle peut occuper pendant des millions d'années la même orbite, sans qu'aucun point de son être occupe deux fois le même point de l'espace; il ne faut que la plus faible déviation pour tout changer; il faut d'abord qu'on sache qu'une seule minute ou plutôt une seule seconde de temps renferme des milliards d'instants, de même qu'un seul millimètre de longueur de l'espace renferme des milliards de points; cela posé, ne sait-on pas qu'en vertu de ce qu'on a appelé l'*attraction universelle*, et que j'appelle, moi, la *poussée universelle* (le mot *impulsion* ni le mot *pression*

ne me paraissent répondre aussi bien au phénomène
que le mot *poussée*), les planètes, le soleil lui-même
dévient de leur place, éprouvent des perturbations ?
Chaque planète étant poussée vers toutes les autres dans
des directions différentes et avec des forces qui varient
sans cesse avec leurs positions relatives, il en résulte des
inégalités, des perturbations continuelles dans le parcours de leurs orbites, perturbations dont le calcul
occupe depuis longemps les astronomes ; ensuite, et sur-
tout en vertu du mouvement intestin des planètes, du
soleil, mouvement vital, mouvement de combustion,
n'y a-t-il pas des changements constants, perpétuels, des
particules qui les composent? Les soleils, les planètes
n'ont-ils pas leur émission de fluides comme leur réception de fluides, par lesquelles réception et émission ils se
renouvellent sans cesse, de même que le corps humain,
par l'absorption que les physiologistes appellent absorption interstitielle, toutes choses qui font que, quoique
dans la même orbite, aucun point de la planète n'occupe le même point de l'espace deux fois, et cela pendant des millions d'années? En outre, je dirai que l'attention de l'illustre astronome Herschell, portée sur les
étoiles doubles, composées de deux soleils si longtemps
confondus en un seul, lui a fait voir que ces deux soleils
tournent autour l'un de l'autre, ne pourrait-on pas
conjecturer, sans improbabilité, qu'il est possible que
notre soleil exécute, en une longue série de siècles,
sa révolution autour d'un autre, avec lequel il
composerait une étoile double? Je ne rapporte cela

que pour montrer que tous les mouvements célestes
ne sont pas connus, et qu'il y a plus de complications de mouvement dans l'univers qu'on ne le croit;
on comprendra mieux l'exécution générale de la loi
du mouvement que je donnerai; on comprendra mieux
que des corps en repos apparent n'en ont pas moins
un immense parcours dans l'espace; ainsi on voit
que je ne me contredis pas; ainsi les événements
ne sont jamais les mêmes, quoiqu'ils puissent se res-
sembler un peu en apparence en quelque chose, mais
toujours ils diffèrent peu ou beaucoup, et j'établis
pour principe certain que telle partie de l'espace amène
tel événement, c'est-à-dire que tous les événements
quelconques dépendent de la partie de l'espace où ils
ont lieu; on sait cela d'une autre manière; on sait que
le temps est élément nécessaire dans toutes les opérations de la nature; on sait que tout progrès a besoin
du temps; on sait cela par l'immense variété de toutes
choses; on le sait par l'histoire des peuples; on le sait
de toutes façons; mais on ne soupçonnait pas le principe que je viens d'émettre. Qu'on me montre deux
hommes en tout semblables, deux feuilles de plante,
deux grains de sable; on ne le peut pas; mais partout
deux et deux font quatre; partout la vérité seule est la
même.

Mais, objectera-t-on, je ne vois aucune relation entre
l'espace et les événements; je ne puis concevoir aucune
influence de l'espace sur eux, aucune influence de l'espace sur la matière, au mouvement de laquelle il ne

fait que prêter la place, en vertu de sa pénétrabilité. Eh bien ! raisonnons, approfondissons ce sujet, qui est le plus immense qui se puisse traiter.

Le passé n'est plus pour l'homme, et l'avenir n'est pas encore ; il n'y a donc pour lui que le présent, qui n'est, à la vérité, que l'instant ; mais j'ai déjà montré que le présent pour lui renferme un peu de passé, un peu d'avenir.

Son actualité renferme donc une certaine longueur de temps. Prise dans la longueur infinie du temps, c'est l'actualité bornée, finie d'un être borné, fini.

L'actualité de l'être infini renferme donc la longueur infinie du temps ; ici on peut me dire. Vous avez montré parfaitement l'identité des attributs de l'espace et du temps, cependant j'y vois une différence ; je ne puis me représenter le temps que comme une ligne infinie, tandis que je me représente parfaitement l'espace comme une sphère infinie.

Je réponds que cette ligne infinie n'est que le diamètre du temps, et comme il existe un nombre infini d'étoiles ou soleils et de planètes répandus dans l'espace infini, où on peut se figurer cette ligne, ce diamètre comme nous, et se la figurer dans tous les sens, dans toutes les directions, je puis bien dire : Faites tourner cette ligne sur son centre, que vous occupez sans cesse, elle formera le cercle, et une révolution de ce cercle sur lui-même formera la sphère. Cette réponse suffit à l'objection, et vous voyez à présent que, quoiqu'on se figure le temps comme une ligne, on peut le concevoir comme une sphère infinie.   3

La matière, comme je l'ai dit, est divisible jusqu'à l'atome, qui en est la plus minime partie, et qui occupe un instant le point de l'espace, un seul instant le même point, en vertu de la loi du mouvement ; ainsi, avec l'infinité du temps, un atome doit occuper l'infinité d'une ligne de l'espace, successivement tout le diamètre du temps dont je viens de parler. Les atomes, étant en nombre infini et se mouvant dans toutes les directions, se meuvent dans des lignes qui se prolongent à l'infini ; l'infinité de ces lignes, qui vont dans tous les sens, vous montre la réalité de l'image que je viens de faire du diamètre, du cercle, de la sphère, du temps.

L'infinité de ces lignes parcourues par des infinités d'atomes nous montre qu'avec l'infinité du temps l'infinité de leur longueur sera tout entière occupée successivement par ces atomes ; il suit de tout cela qu'avec l'infinité du temps l'espace tout entier sera successivement occupé par toute la matière. Et, chose merveilleuse ! quand je dis successivement, il faut savoir que j'entends qu'on me dit : Ce n'est successivement que pour l'homme, pour l'être fini, et non pour Dieu, pour l'être infini ; pour Dieu, me dit-on, cela ne se fait pas successivement, puisque pour lui vous avez dit et démontré que tout est actuel. On me ferait tomber dans l'absurde ; mais j'expliquerai ce que j'entends par l'actualité de Dieu, ce que c'est.

Je dois commencer par donner tout le raisonnement qu'on pourrait tirer des prémisses que j'ai posées, savoir, que pour Dieu tout est actuel, et qu'avec l'infinité du temps toute la matière remplira successivement l'espace tout entier. Les prémisses sont vraies, partant les conclusions seraient vraies aussi, si on entendait le mot *actuel* comme il doit être entendu et si on ne supprimait pas le mot *successivement* ; mais comme le raisonnement suivant porte sur la rigueur de l'expression *actuel* et sur la suppression du mot *successivement*, les conclusions seront fausses.

Je commence. Pour Dieu tout est actuel, c'est-à-dire que l'avenir est arrivé pour lui comme le passé ; que le passé tout entier n'est pas passé, mais existe, a lieu actuellement, de même que l'avenir tout entier n'est pas futur, mais existe, a lieu actuellement aussi ; de sorte que pour Dieu, pour Dieu seul, existe le synchronisme universel. Vous l'avez établi ainsi.

Voici ce qui s'ensuit :

Puisque pour Dieu tout est actuel, chaque ligne infinie de l'espace est occupée tout entière par un seul atome, de même qu'elle est occupée aussi et en même temps, puisqu'il n'y a pas de succession de temps, par une infinité d'atomes ; il en est de même pour le nombre infini des diamètres de la sphère infinie de l'univers, dont le centre est partout. Chacun de ces diamètres est occupé, rempli par un seul atome et en même temps par une infinité d'atomes. Ainsi, il y a trop de matière pour remplir l'espace, et avec cela toute la matière est contenue dans l'espace. Ainsi encore, puisque tout est actuel pour Dieu, la matière remplit l'infinité de l'espace hermétiquement ; dès lors on ne saurait attribuer à aucune partie de l'univers des attributs qu'on pût refuser à l'autre. Où sont les attributs de la matière? Où est sa forme? Où sont ses contours? Où est sa mobilité? Où est l'immatérialité de l'espace, la matérialité de la matière? Tout est plein, hermétiquement plein, tout est confondu, et pourtant tout se meut; le mouvement ne saurait s'arrêter. Où donc est l'immobilité de l'espace, et la divisibilité de la matière, et son impénétrabilité, et la pénétrabilité de l'espace?

Ainsi donc, il n'y a plus ni matière, ni espace, ni temps, ni succession d'événements, ni transformations variées et successives des corps, ni passé, ni avenir. Qu'y a-t-il?

En outre, j'ai fait connaître le fluide atomique noir, froid; j'ai parlé du fluide igné, composé des mêmes atomes noirs, froids, transformés en fluide lumineux, blanc, brûlant; et comme dans chacun des diamètres en nombre infini de l'univers il y a du fluide atomique et du fluide igné; comme j'ai montré que, dans l'infinité du temps, un seul atome parcourrait l'infinité de cette ligne diamétrale, on peut dire, toujours en vertu du synchronisme universel.

L'espace tout entier est rempli par le fluide atomique; l'espace tout entier est noir, froid, en même temps qu'il est rempli tout entier aussi par le fluide igné, et que, par conséquent, il est lumineux, brûlant. Or, comme l'infinité de l'espace et de la matière c'est Dieu tout entier, on peut établir cette formule absurde, extravagante :

Dieu *tout entier* est en *même temps* noir et blanc ;

Dieu *tout entier* est en *même temps* froid et feu ;

Dieu *tout entier* est *à la fois* noir , blanc , froid et feu dans tous les degrés possibles entre ces grandes oppositions.

Voilà le tissu d'absurdités où conduit un raisonnement trop peu réfléchi, ou plutôt dont on supprime un mot ; je ne l'ai rapporté que pour faire voir les dangers d'aller trop vite et inconsidérément ; je vais , pour éviter , pour empêcher de tels égarements , tâcher de me faire mieux comprendre.

J'ai montré le présent ou l'actualité de l'homme renfermant un peu de passé, un peu de futur, renfermant, par conséquent, une certaine longueur prise dans la longueur infinie du temps ; actualité bornée, finie d'un être fini ; actualité finie que j'ai opposée à l'actualité infinie de l'être infini qui renferme tout le passé, tout l'avenir, parce qu'il remplit tout l'espace. J'ai bien dit que pour lui le temps était immobile, mais il ne s'ensuit pas que la matière pour lui soit immobile ; aussi , qu'on ne fasse pas cette confusion.

De même que l'homme est au milieu de son actualité et voit se dérouler les objets de sa bornée prévoyance , de même Dieu est au milieu de son actualité et voit se dérouler tout, tous les objets de son infinie prévoyance, prescience.

Que si on tirait de tout cela cette conclusion à la turque , que , puisque tout arrive nécessairement , inévitablement , il faut rester dans la quiétude absolue ;

qu'il n'y a rien à prévoir, rien à empêcher ; qu'on peut, par exemple, laisser arriver la peste, plutôt que d'établir des lazarets, et autres sottises, on serait dans l'absurdité ; car nous sommes, comme tous les êtres, corps célestes ou autres, nous sommes des organes intérieurs de la divinité ; nous sommes faits pour fonctionner, et celui qui récuse ses fonctions en porte la peine.

Il y a en Dieu mémoire infinie, prévoyance infinie, ou, pour mieux dire, en lui mémoire, prescience, c'est la même chose ; reculez-le, avancez-le de plusieurs milliards de siècles, il est, il a été, il sera toujoure au milieu de son actualité, et tout arrive, tout se déroule, comme je l'ai dit, *successivement*, pour lui comme pour l'homme ; tout se conçoit, s'enfante en lui, *intùs* dans ses entrailles.

Voilà pour lui comment tout est actuel. Tout ici est merveilleux, et Dieu est parce qu'il est.

Homme, inclines tont front superbe !

Poursuivons. Je puis bien croire, direz-vous encore, l'action de Dieu, pur esprit, sur la matière, de Dieu, pur esprit, qui maintient l'ordre de l'univers ; je puis le croire, quoique je ne conçoive pas l'action d'un être immatériel sur la matière ; mais l'action de l'espace sur sa matière, sur les évènements, de l'espace, qui est le vide ; qui n'est rien, je ne puis l'admettre.

Cependant l'existence de ce vide, de ce rien, de l'espace, est aussi écrasante pour l'imagination que l'existence de la matière. Vous demandez qui a créé la matière, et vous ne demandez pas qui a créé l'espace.

En voyant son absolue nécessité pour l'existence de la matière, vous trouveriez difficile d'admettre une action de l'espace sur elle, et vous admettez cette action pour l'esprit. Eh bien ! après avoir établi l'identité de l'espace et du temps, voyons quelle différence il peut y avoir entre l'esprit, l'espace et le temps ; j'y vois, moi, les mêmes attributs.

Le pur esprit est, comme l'espace, immatériel, sans formes, sans contours aucuns, sans couleur aucune, par conséquent d'une contiguïté parfaite ; dès-lors, il est partout, il est infini, indivisible ; par conséquent aussi, il est immobile, incréé, indestructible. Peut-on croire qu'il est tel, mais qu'il est dans l'espace, qu'il n'est pas l'espace ? mais à quoi bon ? Ils se confondent alors, ils sont un. Alors peut-on dire aussi qu'il y a plusieurs esprits, des grands et des petits ? mais la définition que je viens d'en donner est la définition reçue, elle n'en peut admettre qu'un.

Le pur esprit est donc un avec l'espace, un avec le temps ; c'est un autre nom donné à une même chose : il n'y a qu'un esprit, mais il y en a une multitude infinie en lui qui ne font qu'un avec lui, immuables, immobiles comme lui.

L'esprit est un et multiple.

A présent, est-il possible de croire que le temps, l'espace, l'esprit, comme vous voudrez, soit passible de quelque action, de quelque influence exercée sur lui, de quelque action de la matière sur lui ? Non. Jamais personne ne s'en est avisé, mais toujours on a ern à l'action de l'esprit sur la matière, quelque acrimonieuse qu'ait pu être la controverse à cet égard. C'est déjà une présomption favorable, une prépondérance de l'esprit sur la matière; on n'a jamais donné à la matière d'action que sur elle-même.

On peut dire que nous ne pouvons nous faire une idée de l'espace que par la matière, mais on ne peut pas dire que nous ne pouvons nous en faire une idée que par négation, car la matière et l'espace ont des attributs contraires ou négatifs l'un de l'autre et des attributs communs. S'ils n'avaient que des attributs négatifs l'un de l'autre, ils s'excluraient; il n'y aurait que tout l'un ou tout l'autre, et ils existent ensemble. S'ils n'avaient que des attributs négatifs, vous ne connaîtriez que l'un et non l'autre.

Un exemple: si nous ne connaissions que le froid absolu, nous n'aurions aucune idée du feu; si nous ne connaissions que le feu absolu, nous n'aurions aucune idée du froid. Je sais bien que le froid n'est pas une qualité négative, comme on le croit encore cependant, comme on le croit aussi de l'espace. Je sais que le froid, le feu existent *vicissim* ici et là; je sais bien aussi que nous serions détruits dans l'un comme dans l'autre; mais l'exemple que je rapporte a sa portée.

On ne s'est jamais avisé de croire la création de l'espace, sa destructibilité, ses limites; il a donc cela de commun avec l'univers matériel d'être incréé, indestructible et infini; il a encore de commun avec lui l'unité et la multiplicité dans l'unité.

L'univers est un être infini ; il est un , on le comprend ; il a multiplicité infinie dans l'unité ; fluide atomique, fluide igné ; nombre infini de corps mixtes , composés des deux fluides en toutes sortes de proportions.

L'espace a volonté une et aussi multiple, a l'infini dans l'unité.

Cette attribution de volonté à l'espace est , dites-vous , entièrement arbitraire ; voyons. La volonté universelle , l'omnipotence existe , on n'en doute pas ; eh bien ! attribuez-la donc à la matière, sur quoi l'exercera-t-elle ? Sur elle-même , car vous ne direz pas qu'elle l'exerce sur l'espace. Otez à la matière l'espace , elle n'est plus. Mais l'espace exercera sa volonté, non sur lui-même , mais sur la matière. Otez-lui la matière , il existe sans elle , quoiqu'il n'exerce plus sa puissance.

L'homme exerce-t-il sa volonté , sa puissance , sur lui seul ? Il l'exerce sur toute la nature.

Cultivateur , il force toute la végétation à n'exister que pour lui. Industriel, il annule presque les distances , soit en domptant les animaux , qu'il contraint à n'employer leur force que pour lui , soit en créant des voies de fer ou des canaux , sur lesquels il se fait transporter avec la plus étonnante célérité par des nuées , êtres vivants , qu'il emprisonne.

Navigateur , il se joue des flots et des tempêtes , parcourt les mers d'un pôle à l'autre , aborde sur des rivages que la nature lui avait interdits.

> Non tangenda rates transiliunt vada.
> Audax omnia perpeti.
> Gens humana ruit per velitum et nefas.

Aéronaute, il se joue de la pesanteur, s'élève au-dessus des nues, domine la foudre et les orages, met sous ses pieds leur bruit et leur éclat, et se promène tranquillement dans le calme parfait des cieux, en face du soleil étonné.

> Expertus vacuum Dædalus aëra.
> Pennis non homini datis.
> Nil mortalibus ardui est.

Penseur, il découvre et vous fait connaître l'univers infini, inconnu jusqu'à lui; il en est glorieux et répète : *Nil mortalibus ardui est*; il en est heureux : *Felix qui potuit rerum cognoscere causas.*

Si l'homme n'avait d'action que sur lui-même, il serait au-dessous de la plante, qui du moins a beaucoup d'influence hors d'elle par ses émanations. On ne voit guère ce que pourrait être une volonté ou puissance exercée sur soi-même, sur soi seul.

L'espace n'est sujet à aucune vicissitude, la matière seule les éprouve toutes; le froid absolu, le chaud absolu ou feu du soleil, le froid et le chaud tour-à-tour, et les divers degrés de ces qualités, toutes les métamorphoses de la matière, tout cela n'appartient qu'à la matière; l'espace n'en peut être affecté, ne peut être ni échauffé ni refroidi, ni éprouver aucun changement, aucune modification. Je le crois, dites-vous, l'espace n'est rien. Comment, rien ! et pourtant il se manifeste, il est pourtant nécessaire et même indispensable. La matière me dit, me crie. J'ai besoin de quelque chose, j'ai besoin d'espace, et vous dites que ce n'est rien! Rien peut-il être la condition de l'existence de la matière? Si ce n'était rien, nous ne le connaîtrions pas.

On a toujours pu attribuer à l'esprit volonté et omnipotence : pourquoi répugner à l'attribuer à l'espace? pourquoi cette préférence d'un nom sur un autre? L'espace n'est rien, dites-vous; il ne peut avoir aucune action sur la matière. En direz-vous autant du temps? Non, tout le monde reconnaît son action, sait que le temps mûrit tout, change tout, amène toutes les modifications quelconques, qu'il est élément indispensable dans toutes les opérations de la nature, et je crois que ce que j'ai démontré le plus incontestablement, c'est l'identité du temps et de l'espace; donc on ne peut refuser à l'espace ce qu'on accorde au temps.

Parlons à présent de l'inertie, de la passiveté de la matière; voyons si on ne se trompe pas. Je recherche la vérité, sans aucun parti pris d'avance. Ce qui empêche l'inertie, la passiveté de la matière de nous sauter aux yeux, ce qui nous illusionne à cet égard, c'est la vitalité des corps due à la combustion. Otez la vitalité, réduisez les corps en atomes, il leur reste le mouvement et rien autre, mouvement dû à l'action de l'espace. Otez, dis-je, la vitalité, c'est-à-dire le fluide igné, les étoiles, la matière entière perd toute cohésion, est réduite en atomes qui courent toujours, incapables de former des corps. Il n'y a de vie que dans les corps, les atomes en sont privés ; par conséquent, ils en peuvent avoir volonté, puissance. La volonté, la puissance, telles quelles, c'est un attribut de la vitalité, et la matière en atomes est privée de vie et ne peut la puiser que dans l'espace, qui est l'esprit de vie et de mouvement.

Dans cet état d'atomes, pourquoi courent-ils toujours ? dans quel but, à quoi bon ce mouvement ? Ils ne sont pas crochus, comme l'a dit Épicure. Comment ce mouvement peut-il leur être propre, puisqu'ils n'en sauraient rien faire, qu'il n'en pourrait rien résulter ? C'est impossible ; ce mouvement leur vient de l'espace qui le veut ; car tout provient d'une volonté, on ne peut pas sortir de là.

J'ai montré que le froid absolu détruit tous les corps et les réduit en atomes, car la cohésion est due au fluide igné ; de même que le feu absolu n'appartient qu'aux étoiles, aux soleils, et détruit aussi tous les corps, mais non entièrement, il les réduit en fluide igné, qui est encore un corps ; fluide igné qui se réduit en fluide atomique en parcourant l'espace, à mesure qu'il s'éloigne du soleil. Remarquez, en passant, l'action de l'espace sur le fluide igné : pourquoi, en le parcourant, devient-il fluide atomique ? Le fluide igné devient froid dans l'espace, et pourtant l'espace n'est ni froid ni chaud ; c'est le fluide atomique qui est froid. Tout feu provient du soleil ; tout froid provient du fluide atomique, lequel fluide provient lui-même du fluide igné, qui est devenu fluide atomique en parcourant l'espace.

et qui parcourt l'espace en cet état, jusqu'à ce qu'il arrive à une étoile, où il redevient igné, d'atomique qu'il était.

L'espace n'est froid ni feu ; il a le principe de vie et de mouvement. C'est lui dont la puissance a fait ces nœuds distancés en lui, qui sont les étoiles, d'où se répand le feu, la vie ; je dis cela par image, et dois faire observer que, comme sa puissance n'a pas eu d'*initium*, ces feux ont toujours été allumés.

Les astres se meuvent avec un ordre, une régularité, une sagesse admirables. Dites-moi pourquoi les corps célestes, planètes, comètes, qui parcourent des orbites elliptiques autour du soleil, le font tous avec une vitesse telle, qu'ils parcourent toujours des aires égales en temps égaux, suivant la loi de Kepler. Pourquoi cette concordance parfaite du temps et de l'espace ?

Y a-t-il rien de plus probant pour l'identité de l'espace et du temps, et est-il possible de rejeter l'action de l'espace sur ces corps. J'appuie *beaucoup* sur cette remarque ; elle est probante aussi pour la loi du mouvement général que j'ai à établir.

Cet ordre, cette régularité que les corps célestes nous font admirer, ne peuvent pas leur être propres, parce qu'il faudrait aussi les attribuer à chaque atome, ce qui est impossible ; car la matière, n'ayant pas la contiguïté parfaite de l'espace, devrait, en le parcourant, changer de volonté à chaque instant. La volonté universelle ne peut appartenir qu'à la partie de l'univers qui est immuable, et, comme tous les corps vivants sont doués aussi d'une volonté particulière, toutes ces volontés particulières sont prises dans la volonté universelle, source de toutes les autres volontés.

Le mouvement des astres en quoi diffère-t-il des mouvements d'une machine arrangée par un mécanicien habile ? en quoi diffère-t-il des poids, du pendule d'une horloge ? Dans leurs promenades automatiques, toujours sagement les mêmes, où voyez-vous vestige d'une sagesse qui leur soit propre ? Et pourtant ce sont des êtres vivants, je le sais, et doués d'une volonté particulière, mais d'une volonté subordonnée ; par exemple, la volonté des planètes est subordonnée à celle du soleil : il est la tête de son tourbillon. Il y a hiérarchie dans les volontés. La volonté du soleil est subordonnée aussi, et à qui, sinon à la volonté divine de l'esprit ?

Tous les corps gisants sur la terre n'attendent-ils pas un effort quelconque qui leur soit étranger, un choc, pour changer de position, à moins qu'ils ne soient vivants de leur propre vie ? Alors un corps vivant peut se mouvoir *sponte suâ*, mais tous ses mouvements, toutes ses actions sont influencés par les circonstances, et les circonstances par qui, si ce n'est par l'esprit universel ?

Les péripatéticiens attribuaient la pesanteur à l'horreur de la matière pour le vide ; ils se trompaient, mais la force des choses leur faisait bien en cela admettre implicitement l'action de l'espace sur la matière. Il y a plus, c'est qu'ils ne se trompaient pas en ce sens

que, quoique la pesanteur soit bien due au fluide ato‑
mique, aux atomes en mouvement, ces atomes doivent
le mouvement à l'espace; seulement ce n'est pas par
l'horreur du vide, mais c'est par la volonté du vide
ou espace qu'ils se meuvent. Ainsi, la cause première
de la pesanteur est le vide, la cause seconde et immé‑
diate est le fluide atomique.

Je vais montrer que les newtoniens admettent aussi
implicitement l'action de l'espace sur la matière. 1° Ils
attribuent à la matière une force d'attraction mutuelle,
de laquelle il résulte que toutes les planètes et leurs
satellites et les comètes tomberaient infailliblement sur
le soleil et ne feraient plus avec lui qu'une masse : c'est
ce qu'ils appellent la force centripète. 2° Pour obvier à
ce petit inconvénient, ils admettent que ces globes
célestes ont reçu primitivement une impulsion rectiligne,
en vertu de laquelle ils tendent toujours à s'échapper de
de leur orbite par la tangente ; ils disent que cette force
impulsive ne peut jamais se diminuer, parce que ces
globes marchent dans le vide parfait, et qu'une force
qui n'éprouve aucune résistance ne peut sub ir aucune
diminution : c'est ce qu'ils appellent la force centrifuge.

Il faut encore que ces deux forces soient absolument
égales, pour que l'une ne puisse jamais vaincre l'autre,
sans quoi ces corps finiraient bientôt ou par tomber
l'un sur l'autre et tous sur le soleil, ou bientôt ils s'en
éloigneraient tous indéfiniment.

Cela posé, je dis : Ce système est admirable de con‑
ception, et par les calculs géométriques, et par l'état

d'ignorance où l'on était lorsqu'il a été conçu ; mais il repose sur des suppositions que je détruis toutes. A présent, cette impulsion ou force centrifuge, qui l'a donnée? C'est Dieu, Dieu esprit. J'ai montré, je n'y reviens pas, que l'esprit, c'est l'espace. Ainsi, ils admettent donc implicitement l'action de l'espace sur la matière.

Quant à ces globes qui doivent marcher dans un vide parfait, je ferai observer que cela n'est pas. Le vide parfait n'est, ai-je dit, ni froid, ni feu ; il n'est non plus ni blanc, ni noir ; ces globes ont toujours un hémisphère dans le jour, dans le blanc, un hémisphère dans la nuit, dans le noir; ils marchent donc toujours dans deux fluides : l'igné blanc et l'atomique noir. Le système ne peut plus se soutenir, et j'ai fait voir qu'ils admettent, à leur insu, l'action de l'espace sur la matière, action que j'annonce.

La force centripète, qu'ils attribuent à l'attraction, n'est due qu'à la poussée incessante du fluide atomique.

La force centrifuge que Newton attribue à une impulsion rectiligne, primitivement reçue, provient : 1° de la répulsion exercée par le fluide igné qu'émet incessamment le soleil; 2° de la force vitale de ces corps qui ne veulent pas tomber sur le soleil. La force centrifuge existe aussi pour les corps célestes *sponte suâ* ; il y a volonté de ces corps d'éviter leur destruction par ce mouvement centrifuge, et volonté de l'espace, principe et régulateur de tout mouvement; et de ces deux forces (centripète et centrifuge) parfaitement égales il résulte l'harmonie qui existe dans le mouvement de tous les corps célestes.

Je veux rendre mon assertion d'une manière qui sera plus facile à comprendre. A cet effet, je dis :

La force centripète est due au fluide atomique ;

La force centrifuge est due au fluide igné,

Et ces deux forces sont parfaitement égales, l'une ni l'autre ne pouvant jamais prédominer ;

Ce qui prouve invinciblement que ces deux fluides sont toujours dans l'infinité de l'univers, en quantité parfaitement égale.

Ces deux forces sont bien aussi comme ces deux fluides, de qualités entièrement, absolument opposées.

Il me semble donc qu'on peut déjà admettre l'action de l'espace sur la matière, sur les événements, sur les choses, sur toute chose. Cette action dérive de sa volonté, qui est, comme lui, répandue partout. Considérez l'immense porosité de tous les corps, même les plus durs, et comprenez que l'esprit les pénètre, les possède entièrement dedans et dehors, à l'entour, *intùs et extrinsecus.*

> Titaniaque astra
> Spiritus intùs alit ; totamque infusa per artus
> Mens agitat molem, et magno se corpore miscet.

Comme nous nous mouvons dans l'espace, que partout l'espace est en nous en partie, l'espace est aussi notre âme, l'espace est notre âme à tous ; elle est le principe de nos mouvements, par conséquent de nos actions, l'arbitre de nos destinées ; elle est la même pour tous : *Jupiter omnibus idem* , et pourtant nos destinées sont diverses, preuve irréfragable de la multiplicité dans l'unité, que j'attribue à la volonté de l'espace ou esprit.

Elle est une et multiple :

Hoc est fatum et fata.

Notre âme à tous est la même, et elle est différente ; ainsi , il y a l'âme et les âmes, comme il y a la volonté et les volontés de l'esprit universel , et toujours

Fata viam invenient.

L'espace est donc notre âme, cause première de notre vie , de nos mouvements et actions ; mais il y a autre chose en nous , il y a la cause seconde et immédiate de notre vie , la combustion qui nous vivifie ; il y a en nous encore autre chose , notre intelligence qui nous dirige ; cette intelligence est un résultat ; elle dépend des idées que nous acquérons, suivant la constitution de notre cerveau ; mais je traiterai de cela en son lieu. Je ne dois pas encore quitter le sujet qui m'occupe , je dois chercher les objections.

On peut , dira-t-on , concevoir à la rigueur l'espace sans la matière et non la matière sans l'espace ; donc l'espace seul , c'est-à-dire l'esprit, est Dieu ; la matière, l'univers matériel a été créé par Dieu, qui le gouverne.

Je réponds , nous ne connaissons l'espace , le temps, l'esprit que par la matière, le mouvement. Nous savons que l'esprit , contrairement à l'univers matériel, est immatériel, que l'esprit, contrairement à l'univers en mouvement, est immobile ; autre contraste : il est sans forme et sans couleur ; la matière seule est colorée et accessible à notre œil. Le fluide atomique est noir, le fluide igné est blanc ; notre œil ne peut percevoir que des couleurs. Je puis donc dire : L'espace est invisible, l'espace est sans couleur ; c'est là encore une chose dont nous ne pouvons nous former une idée, ce qui prouve, je le dis en passant, que l'idée n'est pas spirituelle uniquement. Voilà des attributs contraires ou négatifs l'un de l'autre. Nous savons, par l'ordre constant de l'univers, la régularité de sa marche, que des lois lui sont imposées, qu'une volonté constante, éternelle le dirige ; nous avons vu que cette volonté, une et multiple à l'infini, appartient à l'esprit ; cette volonté n'existe que par son action ; son action ne peut s'exercer que sur l'univers matériel ; son action, comme sa volonté, comme lui esprit, est infinie ; il ne peut en être autrement ; si elle a commencé, elle n'est pas infinie ; si elle a commencé, elle doit finir ; si elle a commencé, vous pouvez dire : Dieu n'est pas infini, Dieu n'existait pas, Dieu a surgi, et par quelle cause ? Dieu a surgi, partant Dieu prendra fin. Si Dieu a commencé, il n'est donc que la moitié de l'infini ; car, à quelque date que vous preniez le temps, il s'en est écoulé autant qu'il s'en écoulera. Si vous fractionnez le temps en deux parties, vous pouvez le fractionner en autant de parties que vous voudrez, en cent, en mille. Aussi je puis dire avec raison : Si vous faites commencer Dieu, vous pouvez le faire finir, le détruire. Non,

non, direz-vous; voilà qui est trois fois absurde, inadmissible. Nous en sommes d'accord. Donc, si sa volonté s'est toujours exercée sur la matière, n'a pas commencé, l'univers matériel est, comme lui, incréé, indestructible, infini, un et multiple; voilà des attributs semblables. Je dois faire observer ici que si je nie la création de l'univers, je ne nie pas la création, ou, pour mieux dire, l'*initium*, la naissance du soleil, la naissance de notre globe, de toutes les planètes; au contraire, je l'affirme.

Ainsi donc, l'espace, l'esprit et la matière ont des attributs contraires et des attributs semblables; ainsi on les conçoit distincts et indistincts. Aussi je ne dis pas: L'espace, l'esprit est Dieu; mais je dis: L'espace, l'esprit est l'âme du monde; l'univers matériel est le corps; l'un et l'autre c'est l'univers; l'univers est *un*, est Dieu.

> Jupiter est quocumque vides,
> Quocumque moveris.

Puis-je me flatter de mettre fin aux discussions si vieilles et si pleines de fiel entre les spiritualistes et les matérialistes, je le crois. Je crois aussi qu'on peut maintenant concevoir la relation entre l'espace et les événements, comprendre l'influence de l'espace sur la matière, et je répète le principe que j'ai établi et que je tiens pour certain.

Telle partie de l'espace amène tel événement; tous les événements quelconques dépendent de l'espace où ils ont lieu ; l'espace est le principe du mouvement et de la vie ; l'espace est le grand livre des destins.

On ne peut pas dire : L'univers est l'ouvrage de Dieu ; il faut lui chercher un but. L'univers n'est pas un ouvrage, ce n'est pas un but qu'il faut lui chercher ; mais il faut l'étudier, observer, méditer, chercher à connaître ses lois, la raison des choses : *Rerum cognoscere causas.*

Chercher à connaître le plus possible la physiologie de l'univers, c'est ce à quoi je m'applique.

L'univers est un corps infini, un avec l'espace, son âme, corps infini que vivifie la combustion infinie, principe de la vitalité, principe immédiat, mais dont le principe premier est l'espace ; il y a donc dans l'univers l'âme, le corps, la combustion et l'intelligence ou volonté qui le dirige avec ordre et sagesse. C'est tout ce que je viens de montrer qui est dans l'homme ; il y a analogie. La combustion de l'univers ne peut jamais s'éteindre, en sorte que si un corps céleste igné, un soleil s'éteint, il est remplacé par un autre ici ou là. Tous les corps célestes qui se meuvent dans l'espace, qui existent dans l'espace, sont des organes intérieurs de la divinité auxquels des fonctions sont attribuées ; ce sont des viscères, des organes sécréteurs du grand corps de l'univers, ayant pourtant leur vitalité propre, mais vitalité en harmonie parfaite avec la grande vitalité de l'univers ; tous ces corps sécrètent des fluides nécessaires au tout : les étoiles émettent le fluide igné, si vivifiant, fluide igné qui redevient fluide atomique dans l'immensité de l'espace ; les autres corps, les planétes par exemple, émettent des fluides mixtes d'une autre composition, fluides qui tous ont leur utilité, leur influence sur les sphères célestes.

L'observation nous fait découvrir encore ici l'analogie qui existe entre notre être et l'univers.

Notre être *un* avec la partie de l'espace son âme, est un corps en combustion ; c'est la combustion qui le vivifie ; cette combustion s'éteint avec sa vie ; notre être est aussi *un* et *multiple*, de même que, dans l'univers, nos viscéres et organes divers sont des êtres ayant leur vitalité propre, mais vitalité en harmonie avec celle de notre être ; êtres auxquels aussi des fonctions sont attribuées, et fonctions absolument nécessaires et pour eux et pour nous, puisque entre eux et nous c'est une entité. Ces viscéres et organes sécrètent les divers liquides qui sont nécessaires et utiles à notre être et à ceux qui le composent ; ils font circuler et envoient où elles doivent aller les diverses humeurs, sang, lymphe, bile, synovie, salive, urine et autres ; il y a harmonie, santé ; il y a jusqu'ici analogie complète ; voici maintenant des différences ; il doit y en avoir entre le fini et l'infini. Notre cerveau est un organe vivant de sa vie propre et contenu dans le crâne, tandis que le cerveau de l'univers est partout, dans tout l'espace ; que tous les corps qui se meuvent, qui naissent, qui se génèrent, qui s'éteignent et subissent des transformations dans cet infini cerveau, peuvent être considérés comme des idées qui s'agitent ; l'infini cerveau renferme toutes les idées ; tout pour lui est idée, mais, à la différence des idées qui sont dans notre cerveau, elles ne dirigent pas l'univers, tandis que nos idées nous dirigent.

Un ordre constant et d'une régularité parfaite règne dans la marche de l'univers ; une harmonie infinie s'y fait remarquer et dérive de lois intransgressibles établies par la sagesse infinie, la volonté infinie, *id est*, l'intelligence infinie ; sans ces lois on ne peut concevoir qu'un chaos dont l'univers ne pourrait sortir. Or, peut-on attribuer cette intelligence à la matière, quand on voit avec quelle peine immense nous en acquérons quelques parcelles ? Je dis d'abord qu'en nous elle n'est pas un attribut nécessaire de notre être, mais est un résultat d'idées parvenues de l'extérieur de notre être, un résultat de l'action de ces idées sur notre être comme de l'action de notre être sur ces idées, idées qui ont besoin, pour naître, exister et prospérer, de trouver dans notre cerveau une pulpe cérébrale à elles propice, comme la plante, comme l'animal veulent un terrain et un climat propices. Je m'arrête, et dois donner ailleurs ces développements, qui me détourneraient de mon sujet. Attribuer l'intelligence à la matière me paraît très déraisonnable.

La volonté divine est donc une et multiple ; chaque point de l'espace, ai-je dit, est doué d'une portioncule de cette volonté, portioncule toujours variée et invariable ; mais cette volonté diffère fort peu de proche en proche ; elle n'est pas différenciée par sauts et saccades ;

les différences bien tranchées n'ont lieu qu'à de très grands intervalles l'une de l'autre ; c'est ainsi, par exemple, que le fluide igné, le feu qui part du soleil en rayons divergents, s'éloigne sans cesse en s'affaiblissant graduellement et finit par devenir entièrement froid et noir, de chaud et blanc qu'il était, finit par devenir fluide atomique qui n'arrête pas sa marche et atteint enfin un autre soleil, où il est de nouveau transformé en feu, fluide igné, ou bien il arrive à un autre corps céleste, planète ou comète, et là il subit une transformation mixte. Ainsi, à d'immenses distances, d'immenses différences ; il en est de même de toutes choses, de tous les événements, qui sont d'autant plus différents qu'ils s'opèrent à de plus longs intervalles, et si l'on voit quelquefois des révolutions subites et inattendues, qu'on observe bien, on verra qu'elles sont amenées de loin, qu'elles ont été conçues de longue main dans les entrailles des choses.

En s'examinant soi-même attentivement, on verra clairement que la matière est passive, inerte ; on verra que notre volonté dérive en partie de nos besoins impérieux, en partie de nos idées. La première est instinctive, elle appartient à l'ensemble de notre être ; c'est l'instinct qui nous préserve souvent d'un danger subit, avant aucune réflexion ; il appartient aux viscères ou organes divers qui vivent harmoniquement en nous, en constituant l'ensemble de notre être ; il prouve la vérité que j'ai dite en leur attribuant une vie propre. Ce sont les fonctions vitales de ces divers organes qui président aux besoins animaux. Qu'on ne dise pas que cette volonté appartient à la matière : l'espace n'est-il pas en nous de même que nous sommes en lui? n'y a-t-il pas plus d'espace en nous que de matière. L'espace préside à ces mouvements comme à ceux de tout l'univers. La volonté qui dérive de nos idées est la cause de nos actions ; ce sont donc nos idées qui nous dirigent, et ces idées d'où viennent-elles? de l'espace et aussi des corps qu'il renferme. Les idées naissent de l'extérieur et résident dans notre cerveau , agissent sur nous comme nous agissons sur elles ; de notre cerveau donc part notre volonté à laquelle *obéissent* instantanément tous nos membres, qui n'en ont *aucune*. Nous voyons donc en nous la matière , mue par une volonté qui n'est pas d'elle , qui vient de nos rapports avec l'extérieur. Mais, diront quelques personnes, une idée est un corps , par conséquent elle est matérielle: A la bonne heure , je ne le conteste pas entièrement ; je dis , moi, qu'elle est matérielle et spirituelle comme nous, comme l'univers, et je fais remarquer : 1° qu'en nous une grosse masse de matière est absolument passive et obéit instantanément à une volonté qui appartient à une infiniment petite partie de matière et d'esprit, laquelle réside dans notre cerveau ; 2° que ces infiniment petits corps , nommés *idées* , renferment en eux dans leur contexture beaucoup plus d'espace ou esprit que de matière ; qu'ils nous viennent par les perceptions des sens ; qu'ils viennent de l'extérieur ; qu'il n'y en a point d'innés en nous ; que d'eux résulte notre intelligence, et qu'ils sont sans cesse soumis eux-mêmes à l'action, à l'influence des circonstances. Il y a en outre en nous des actions qui semblent tout-à-fait involontaires, les distractions; ces actions sont dues à quelque mouvement des idées, mouvement inaperçu, non réfléchi, c'est-à-dire sur lequel notre être n'a point exercé d'influence avant de s'en apercevoir; mais je veux seulement montrer ici que la matière est inerte, passive, que le mouvement lui est imprimé par une volonté, et qu'on ne peut pas lui attribuer la volonté qui dirige l'univers. Je conçois bien que l'action de l'espace, pur esprit, sur la matière puisse nous frapper d'étonnement : c'est le plus étonnant des phénomènes. Mais il ne l'est pas plus cependant, en y réfléchissant, que l'existence de la matière, que son existence à lui, son indispensabilité, qui pourtant nous frappent de moins d'étonnement. Le cerveau de l'univers est partout; l'espace immatériel est comme une infinie pulpe cérébrale dans laquelle toute la matière, tous les corps se meuvent comme les idées dans notre cerveau, et se meuvent suivant sa volonté constante, ses lois, comme notre volonté travaille, fait mouvoir nos idées; mais les idées ou les corps dans l'espace ne lui proviennent pas de l'extérieur, comme en nous. L'univers n'a point d'extérieur; aussi les idées nous dirigent, tandis que l'univers dirige ses idées, dirige tout. Nous comparons nos idées, nous les combinons, nous les accouplons, nous les générons, nous en faisons naître par une action nerveuse, cérébrale sur elles; c'est une analogie avec l'action de la pulpe

cérébrale de l'univers, pulpe immatérielle qui, ai-je dit,
est l'espace, sur la matière. Il y a encore une analogie
bien frappante. Personne n'ignore que les observations
et découvertes de la science phrénologique établissent
que notre cerveau est composé d'une quantité de parties
qui sont chacune le siége d'une faculté différente : les
phrénologistes et l'observation en offrent des preuves
incontestables ; eh bien ! voilà donc encore le cerveau
un et *multiple*, comme je l'ai dit de l'espace. Le cerveau
est une substance pulpeuse et molle qui admet beaucoup
de vide ou espace en lui , mais les idées en renferment
encore plus ; on les pourrait croire entièrement spiri-
tuelles , si elles n'étaient colorées , comme les choses
qu'elles nous représentent. Ce n'est pas parce qu'elle sont
formes et contours qu'on peut affirmer qu'elles sont des
corps , ainsi que je le montrerai en son lieu , mais uniquement parce que nous les voyons colorées et que
l'espace pur n'a pas de couleur. Il y a cette différence
entre le cerveau de l'univers et le cerveau humain ,
que, dans l'univers, le cerveau est l'esprit pur et les idées
sont matière , tandis que, dans le cerveau humain , les
idées sont beaucoup moins matérielles que le cerveau.
Il doit, en effet, y avoir entre l'homme et l'univers des
analogies et des différences ; tout cela élève bien
l'homme. *Deus nos ad imaginem sui tales condidit.*
(S. Hieron.) *Hoc animal providum , sagax , multiplex ,*
acutum , memor, plenum rationis et consilii , quem vocamus
hominem , præclara quadam conditione generatum esse à
summo Deo. (Cicero.)

Il y a en l'homme un grand mélange de bon et de mauvais. *Nullum animal est morosius, nullum majori arte tractandum, quam homo.* (Seneca, Epist.) Aucun animal ne doit être manié avec plus de précaution que l'homme.

Cependant Dieu, qui sait à quelles perfections l'homme peut atteindre, s'est incarné pour son bonheur: *Incarnatus est de Spiritu sancto, ex Maria virgine, et homo factus est.*

En voyant combien de mystères de la nature sont impénétrables pour nous, sachons conserver notre foi en notre sainte religion, que mon système ne contredit en rien, car il affirme la création du soleil et des planètes, de l'homme et de tous les êtres sur la terre; il affirme le libre arbitre de l'homme, puisqu'il est doué de volonté et de réflexion; il établit invinciblement l'immortalité de l'âme et l'indestructibilité de la matière; cela n'empêche pas Dieu tout puissant de distribuer les peines et les récompenses, suivant sa parfaite justice; cela fait même trouver très juste ce qui paraissait ne pas l'être.

Mais je m'aperçois que je n'ai pas assez appelé l'attention sur cette différence frappante, décisive, que l'espace, esprit pur, cerveau de l'univers, dirige ses idées, c'est-à-dire dirige l'univers matériel, tandis que, dans le cerveau humain, les idées appartiennent plus à l'esprit, le cerveau plus à la matière, et qu'aussi ce sont les idées qui nous dirigent; cette remarque seule décide la question; on n'en peut plus douter, l'esprit dirige l'univers.

Admettons un moment que le mouvement et la volonté (ce qui n'est pourtant pas la même chose) soient inhérents à la matière, nécessairement chaque atome en est doué. Ont-ils tous la même? Il faut alors, quand ils composent les corps, qu'ils en changent perpétuellement, puisque les corps subissent tant de changements, de modifications continuelles; il faut que les atomes aient une succession infinie de volontés variées, que chaque atome diversifie à chaque instant sa volonté, et comment expliquer l'action du cerveau et des idées dans cette supposition? comment expliquer cette masse corporelle qui obéit à deux ou trois atomes? Chaque atome, au contraire, est-il doué d'une portioncule de volonté variée chez eux tous? Mais voilà l'homme, entre autres êtres, composé des fluides igné et atomique comme tous les corps, c'est-à-dire un assemblage d'atomes qui lui sont arrivés de cent milliards de lieues à droite, d'autant à gauche, d'autant de toutes les lignes qui aboutissent à sa surface. Le voilà donc composé des disparates de volonté les plus énormes. Certes, il y a des écarts, des disparates dans les discours et la conduite des hommes, mais enfin il y a une conduite raisonnée; tandis qu'il est impossible de comprendre, de se faire idée de l'incohérence et de l'impossibilité des actions qui en résulteraient; l'espèce humaine ne pourrait pas se maintenir. Pourrait-il y avoir quelque gradation dans la conduite d'un être qui renfermerait en lui tant de volontés contradictoires? J'ai montré que dans l'espace la variété dans la volonté différait fort peu de proche en proche, ne marchait pas par sauts, par disparates rapprochées, mais allait par gradations ; en sorte que les grandes différences dans les choses, dans tous les évènements, répondaient aux grands intervalles, aux grandes distances de temps et de lieux. Voilà qui est conforme à ce que l'observation nous montre et ce qui ne saurait être, dans la supposition où nous sommes, supposition qui ne peut rien expliquer non plus sur le jeu du cerveau et des idées. On peut dire, il est vrai, que les corps doivent ce qu'ils sont à la combustion, qui leur donne la vie, à la combustion, qui est *seule* organisatrice ; que c'est elle qui dispose les organes tels qu'ils doivent être pour les fonctions qu'ils ont à remplir, pour que le jeu du cerveau et des idées se puisse faire. La combustion donne telle ou telle organisation, suivant sa nature ; cela, je l'adopte ; c'est vrai, c'est la combustion qui organise les corps, qui les vivifie, mais c'est par cela même que j'établis que le fluide atomique, où toute combustion est éteinte, est privé de vie absolument, est tout-à-fait mort, par conséquent absolument privé de toute volonté. Éteignez tous les feux, réduisez toute la matière en fluide atomique, elle ne pourra jamais les rallumer par une volonté, par une puissance qu'elle n'a pas. Dans l'univers, la mort et la vie sont en lutte éternelle, sans que l'une puisse vaincre l'autre ; il y a toujours équilibre parfait, et qui peut donc le maintenir ? La vie marche à la mort, et la mort court à la vie. La mort court à la vie ; ce ne peut certes pas être autrement que par une volonté étrangère. J'entends par la mort le fluide atomique, qui seul est la mort absolue de la matière, et qui parcourt l'espace en ligne droite, jusqu'à ce qu'il arrive à un corps comburant, où il rentre à la vie. A la mort d'un corps, il y a une entité de moins, mais il y a en lui des multitudes d'entités vivantes qui s'éteignent successivement dans plus ou moins de temps, et il y a mort absolue seulement quand le tout est réduit en fluide atomique.

Voilà donc encore une investigation qui démontre assez, elle aussi, que la volonté, puissance gubernatrice de l'univers, appartient à l'espace, que lui seul peut en être doué, qu'elle ne peut appartenir qu'à l'immuable, au contigu, vu que ces deux qualités seules comportent la gradation dans cette volonté, d'où la gradation en toutes choses, et qui ne pourrait pas exister par l'attribution à la matière de la puissance gubernatrice : attribuer à la matière la puissance gubernatrice de l'univers, si cela se pouvait, ce serait admettre l'anarchie dans l'univers, anarchie qui le détruirait bientôt. Cela me jette, malgré moi, dans une petite digression, c'est que pour les nations de la terre tout gouvernement qui se base sur le principe de l'homme de Genève, la souveraineté du peuple, doit périr tôt ou tard dans les plus terribles convulsions, chose *inévitable* s'il ne s'en débarrasse au plus tôt ; ce principe radicalement faux est le le dieu des tempêtes. En effet, j'ai montré clairement qu'en tout il y a unité et multiplicité ; l'unité veut, la multiplicité obéit. Dans les choses humaines, si vous placez la force gubernatrice dans la multiplicité, vous

amenez la destruction. Qu'on me pardonne cette petite digression.

J'ai accumulé les preuves démonstratives du rôle que
remplit l'espace dans l'univers. Pour en doter la matière, ce sont les absurdités qu'il faut accumuler, et je
maintiens tout ce que j'ai attribué à l'espace ou esprit;
je maintiens que l'esprit et la matière sont inséparables.
J'ai dit la vérité pure; je vais faire à présent un relevé
succinct de tout ce que j'ai établi.

Le temps, l'espace, l'esprit, c'est une seule et même
chose; le temps est immobile comme l'espace. Toutes
choses, tous les évènements quelconques dépendent de
la partie de l'espace dans laquelle ils ont lieu. L'espace
possède la volonté ou puissance gubernatrice de l'univers; sa volonté est une et multiple, variée et graduée.
L'espace n'est froid, ni chaud, ni coloré; il n'est pas
perceptible à l'œil, il est absolument invisible. La volonté particulière dont sont doués tous les corps vivants
est puisée dans la volonté universelle de l'espace, source
de toutes les autres.

L'espace, c'est l'âme du monde, c'est le principe de
la vie et du mouvement, c'est le grand livre des destins.
L'espace, c'est notre âme à tous, et pourtant elle est diverse chez tous, en raison de la multiplicité dans la
volonté universelle que j'ai fait connaître. L'univers matériel est le corps dont l'espace est l'âme; l'espace et la
matière, ou l'âme et le corps, sont inséparables; c'est
l'unité, c'est l'univers, c'est Dieu.

Dieu embrasse dans son actualité l'infinité du temps,

tout le passé, tout l'avenir ; pour lui, mémoire et prescience c'est une même chose.

L'univers matériel possède en partage égal la mort et la vie. La vie est temporaire, la mort est temporaire ; ni l'une ni l'autre ne pourront jamais prédominer, et, par une succession non interrompue, sans cesse la mort devient la vie, la vie devient la mort. La vie perpétuelle, sans aucune interruption, n'appartient qu'à l'âme du monde, à l'espace ; il y a dans l'univers l'âme qui possède la volonté directrice, le corps, la combustion ou la vie et la décombustion ou la mort. C'est la combustion seule qui organise tous les corps, auxquels elle donne la vie. Or, il y a dans l'univers une multitude infinie de vies ou d'organisations différentes, qui appartiennent chacune à une nature de combustion particulière ; donc la combustion, de même que l'espace, âme du monde, de même que l'univers matériel, est une et multiple. L'unité de la combustion fait la vie générale de l'univers ; la multiplicité dans la combustion fait la vie de l'infinité des organisations diverses.

Tous les corps de l'univers vont toujours alternativement de la vie à la mort, de la mort à la vie, et tous les corps de l'univers s'agitent comme des idées dans l'espace, qui est le cerveau de l'univers.

Il y a de même dans l'homme l'âme immortelle, dans laquelle il traîne son existence, le corps, la combustion qui lui donne la vie ; le cerveau dans lequel s'agitent les idées qui dirigent l'homme, cerveau à la constitution duquel l'âme universelle a présidé, pour le disposer à l'admission des seules idées qui le conduiront à sa destinée. Les idées sont les agents de l'âme ou espâce. Le cerveau est composé d'une grande quantité de parties, siége chacune d'une faculté différente ; il est donc un et multiple comme la volonté dans l'espace.

Les anciens, qui ne connaissaient certainement pas le système que je crée, avaient pourtant une idée vague de ces trois choses : *Mens*, *animus*, *anima*.

Mens, l'intelligence.

Animus, la combustion qui nous vivifie : *Igneus est ollis vigor*.

Anima, l'âme immortelle.

Le corps infini de l'univers est aussi un et multiple, c'est une entité infinie. Tous les corps particuliers qui le composent sont aussi des entités, des êtres vivants, doués de volonté, sont des viscères, des organes auxquels des fonctions diverses sont attribuées, et le tout, corps et volontés, agit harmoniquement pour la conservation de l'entité infinie.

Le corps humain est aussi un et multiple ; c'est une entité qui renferme d'autres entités vivant harmoniquement avec lui, c'est-à-dire que les viscères et organes divers qui le composent sont des êtres ayant leur vie propre et leurs fonctions attribuées pour la conservation d'eux et de l'entité principale ; ces êtres sont doués aussi de volonté comme tous les corps vivants, volonté qui constitue l'instinct, lequel préside aux besoins impérieux, aux besoins animaux, préside aussi, à notre insu, à la conservation de notre être.

Il y a un Dieu, il n'y a rien autre.

Il y a l'espace infini dans lequel se meut l'univers matériel; point de matière en repos : elle est en perpétuel mouvement; point de mouvement sans matière : le mouvement n'est donc que la course perpétuelle de la matière. Le mouvement se fait dans l'espace, le mouvement se fait dans le temps; sans l'espace et le temps, il ne peut pas y avoir de mouvement. Dans un temps donné, un corps a parcouru une partie telle quelle de l'espace; le temps n'est donc qu'une manière pour nous de mesurer le mouvement dans l'espace; le temps infini n'est donc que la mesure de l'espace infini; le temps et l'espace, c'est donc la même chose. Il ne peut y avoir de matière sans l'espace : il faut à la matière un contenant. Il ne peut pas y avoir de matière sans le temps; car il n'y a point de matière en repos, et le temps est la mesure du mouvement dans l'espace. L'espace peut être sans la matière, il peut être sans le mouvement; mais la matière a besoin de l'espace, le mouvement aussi. Point de mouvement sans l'immuable; la matière, le mouvement sont donc subordonnés à l'espace immuable.

Le mouvement de la matière n'est pas subordonné, mais soumis, au contraire, à des lois constantes, invariables, intransgressibles, c'est-à-dire à une volonté sans cesse agissante et partout, c'est-à-dire dans l'infini de l'univers. A qui, de l'espace ou de la matière, peut-on attribuer cette volonté, cette puissance?

La matière est un nombre infini d'atomes en mouvement, courant sans cesse dans l'espace. La matière ne peut remplir tout l'espace que successivement; sans cela, le mouvement serait anéanti. La matière n'a donc pas la contiguité qu'a l'espace; la matière est sujette à toutes les vicissitudes : la moitié de la matière est morte, la moitié seule de la matière est vivante. L'espace est infini, immobile, immuable, d'une contiguité parfaite, d'une absolue nécessité pour la matière, et n'éprouve aucune vicissitude. On accorde généralement et volontiers la volonté, la puissance à l'esprit; voyons donc les attributs de l'esprit.

Il est, comme l'espace, immatériel, sans contours aucun, sans forme aucune; par conséquent il est infini, donc immobile, immuable et d'une contiguité parfaite, et la volonté gubernatrice ne peut appartenir qu'à l'immuable, au contigu, pour être partout agissante.

Donc l'espace est l'esprit, l'esprit saint auquel appartient la volonté, la puissance gubernatrice de l'univers, sur qui seul il peut l'exercer, sur qui il l'a exercée toujours, il l'exercera toujours. L'esprit saint est l'âme du monde, dont l'univers matériel est le corps. L'esprit saint, l'univers matériel, sont unis, sont inséparables. C'est le grand tout, c'est l'unité, c'est Dieu ! Disons donc avec certitude et vérité : Il y a un Dieu et rien autre.

L'espace, ai-je dit, est le livre des destins, dans

lequel, de tout temps, on s'est efforcé de lire ; mais on n'a jamais pu y parvenir que fort imparfaitement. Les prophètes cependant y ont lu les événements qu'ils ont prédits, inspirés qu'ils étaient par l'esprit saint. Les anciens l'ont beaucoup essayé; voyons ce qu'ils nous apprennent.

D'abord, les livres sibyllins, au nombre de neuf, furent apportés à Tarquin le Superbe par une vieille femme inconnue, qui lui dit que ces livres contenaient des oracles, et qui lui offrit de les lui vendre trois cents philippes d'or. Tarquin n'en voulant pas donner un si haut prix, la femme en jeta trois au feu et demanda le même prix des autres ; le roi n'en fit que rire et diminua son offre. La femme en brûla trois autres, demandant toujours le même prix; Tarquin, étonné de sa constance, commença à croire que ces livres étaient pleins des oracles des dieux, et acheta les trois livres restants au prix premier de trois cents philippes d'or. Ces livres furent toujours conservés religieusement à Rome et consultés avec grande cérémonie toutes les fois qu'on voulait connaître la volonté des dieux. On peut donc en induire avec raison qu'on y trouvait beaucoup de vérités.

Les anciens ont eu très longtemps des oracles divers qu'on allait consulter en foule. On allait à l'antre de la Sibylle :

> Magnam cui mentem animumque,
> Delius inspirat vates, aperitque futura.

On n'y trouvait la vérité que mêlée de beaucoup d'obscurités :

Cumæa Sibylla
Horrendas canit ambages, antroque remugit,
Obscuris vera involvens.

Enfin, les oracles, aussi obscurs que véridiques, sont tombés ; aujourd'hui on interroge le somnambulisme, ce phénomène physique, dont la science ne donne pas encore de bonne explication, et dont on pourrait tirer tant de ressources utiles, si on savait en faire une meilleure application.

Malgré tous les phénomènes surprenants qu'on rapporte du somnambulisme, on peut être certain que, quand on veut le faire lire dans le livre des destins que Dieu nous a voulu cacher, le somnambule n'en tire qu'obscure vérité. Il en est de lui comme des sibylles anciennes :

Obscuris vera involvens, la vérité enveloppée d'obscurité. Qu'on lise le cinquième livre de *la Pharsale*, de Lucain, on verra la parfaite similitude qui existe entre la pythonisse de l'oracle de Delphes et une somnambule.

Appius, un des lieutenants de Pompée, va consulter l'oracle de Delphes, muet depuis de longues années, par ordre de l'autorité ; il y avait même peine de mort pour la pythonisse qui voudrait exercer. Appius contraint le prêtre du temple à lui donner un oracle ; le prêtre, alors, va chercher dans la campagne ; il trouve une jeune fille, la vierge Phémonoé :

Castalios circum latices, nemorumque recessus
Phemonoen errore vagam, curisque vacantem
Corripuit, cogitque forés irrumpere templi.

Il la force d'entrer dans le temple, et, malgré toute
la résistance que sa terreur lui inspire, elle est forcée
de monter sur le trépied et de rendre unoracle. Après
quoi :

Immisit Stygiam Pæan in viscera Lethen,
Quæ raperet secreta Deûm. Tum pectore verum
Fugit, et ad Phœbi tripodas redire futura.

N'est-ce pas là le réveil du somnambule qui ne se
rappelle rien de ce qu'il a dit? Peut-il y avoir une
similitude plus complète? Seulement les prêtres païens
qui s'étaient emparés de ce phénomène merveilleux de
puissance humaine qu'ils tenaient secret, l'attribuant
à l'inspiration d'Apollon, les prêtres, dis-je, y mettaient
beaucoup d'appareil imposant; c'est là toute la différence.

Ce qu'on prend pour une nouveauté est donc une
antiquité. Les oracles sont tombés; gardons-nous de
les relever, du moins tels qu'ils étaient, toujours en-
veloppés d'obscurité. C'était un malheur des temps
anciens; il n'y a rien de plus à en attendre aujourd'hui.
Je dis sous ce rapport, car je me propose de dire ailleurs
qu'on en pourrait tirer une institution de force gou-
vernementale en purgeant le phénomène de toute
obscurité.

Reconnaissons que c'est un grand bienfait de Dieu
d'avoir voulu nous cacher nos destins. En effet, si

une catastrophe doit nous frapper dans l'éloignement quelconque du temps, faut-il que le malheur en soit anticipé pour nous? Les sibylles ont été délaissées avec raison; en effet, il y a dans les somnambules comme dans les sibylles, de la bonne et de la mauvaise nature, et il s'y glisse aussi de l'influence étrangère à la pythonisse, en sorte que leurs oracles ne sont jamais purs. En cet état, qu'on devrait appeler de sibyllisme plutôt que de somnambulisme, le sujet a des perceptions infiniment supérieures à celles de nos sens. Ces perceptions ont lieu par tout son être qui, dans le sommeil de ses sens, est un sens nouveau, infiniment plus sensible à toutes les impressions extérieures qui agissent sur lui d'une étendue immense; mais je ne puis admettre qu'il pénètre les volontés de l'esprit suprême de l'espace. Ces perceptions sont matérielles; c'est par l'enchaînement des causes et des effets matériels qu'il pénètre les effets futurs.

DU MOUVEMENT.

Nota. Dans tout ce que je vais dire du mouvement, il faut l'entendre du mouvement relativement à l'espace immobile, immuable, et non autrement.

La plus petite partie de l'espace est celle qu'occupe un atome ; c'est un point. La plus petite partie du temps est celle que met un atome pour aller du point qu'il occupe au point qui le joint immédiatement ; c'est un instant. Le temps ne s'arrête pas (le temps n'étant pour l'homme qu'une manière de mesurer l'espace parcouru continuellement) ; donc, l'atome mettant un instant pour aller du point qu'il occupe au point qui le joint, deux instants pour parcourir deux points, mille instants pour mille points, ainsi de suite, il est évident qu'il ne peut parcourir deux points dans un instant, ni mettre deux instants pour aller d'un point à l'autre. Le premier cas est bien certain, puisque j'ai montré que le temps et l'espace ont les mêmes attributs, sont une seule et même chose ; que le temps n'existe que pour nous, pour les êtres finis, et non pour l'être infini ; que le temps n'est que la mesure de l'espace continuellement parcouru. Dire que le temps ne s'arrête jamais, c'est dire que le mouvement ne s'arrête jamais, que continuellement, dans un instant, l'atome avance d'un point.

Le second cas est de toute certitude aussi; car, si un atome pouvait mettre deux instants pour aller d'un point à l'autre, pourquoi n'en pourrait-il pas mettre cent? pourquoi pas mille? Ce serait un arrêt du mouvement, un arrêt du temps. On sait que cela ne peut pas être, n'est pas. On peut, à coup sûr, affirmer que le temps ne rétrograde jamais.

Or, comme encore j'ai prouvé l'identité du temps et de l'espace, on ne peut se tromper en disant que l'atome ne peut jamais occuper de nouveau les points de l'espace qu'il a déjà occupés; ce serait remonter le temps, ce qui est impossible pour les atomes et pour les corps.

Il ressort de là que le mouvement général ne saurait être ni ralenti ni accéléré; qu'il est un; qu'il ne peut être tantôt plus lent, tantôt plus rapide; qu'il ne change jamais, et que tout ce qui se meut, toute la matière, atomes, fluides et corps, parcourt toujours éternellement, et sans aucun arrêt, de l'espace nouveau, avec la même vitesse absolue, la plus grande possible ou la plus petite possible, la seule possible.

Cette loi, qu'on n'a pas de peine à comprendre, pour les atomes, pour le fluide atomique, nous paraît à faux ne pas exister pour les corps auxquels nous voyons tantôt un mouvement lent, tantôt un mouvement très rapide, en un mot, différents degrés de vitesse, et cependant les corps ne sont que des agrégations d'atomes, des atomes en cohésion.

Voilà une immense difficulté à résoudre ; je vais en donner l'explication et montrer que c'est là qu'est la cause de la violente et surprenante transformation du fluide atomique en fluide igné, la raison de la formation et de la diversité des corps, la raison des changements qui s'opèrent en eux par les différents degrés de vitesse et les diverses complications de leurs mouvements. On verra que les atomes ni les corps ne transgressent, ne peuvent transgresser cette loi.

La loi principale de la nature est que la matière parcoure sans cesse le temps ; parcourir le temps n'est autre chose que parcourir l'espace. Cette loi veut que le temps passé ne revienne jamais, ce qui veut dire encore que l'espace parcouru ne peut plus l'être de nouveau par les mêmes corps, par les mêmes atomes. Parcourir sans cesse le temps, c'est ne jamais s'arrêter. Or, si un atome, soit libre, soit engagé dans un corps, restait deux instants dans un point de l'espace, ce serait un arrêt dans le temps, et cela n'a jamais lieu.

Les mesures du temps sont toujours les mêmes pour tous les corps.

De même un atome, soit libre, soit engagé dans un corps, ne peut parcourir deux points de l'espace dans un seul instant ; car alors l'instant ne serait pas la dernière division du temps, le point ne serait pas la dernière division de l'espace ; alors aussi l'atome ne serait pas la dernière division de la matière. De plus, j'ai établi solidement que le temps et l'espace sont une même chose, que, par conséquent, l'instant, division du temps, est la même chose que le point, division de l'espace; donc il est clair de reste que l'atome ne peut parcourir deux points dans un instant.

Mais qu'est-ce donc alors que les différents degrés de vitesse que nous voyons dans les corps? En voici l'explication :

Commencez par comprendre que si vous déroulez un petit peloton de fil, par exemple, d'un pouce de diamètre, vous allez obtenir une ligne immensément plus longue que le diamètre du peloton; ainsi, il y a autant de points de l'espace renfermés dans le globe de ce peloton que dans la longue ligne droite que donne le fil ; ainsi, dans le même temps qu'aura mis un atome pour parcourir cent lieues en ligne droite, il peut les parcourir dans un petit corps où il se trouvera engagé, et sans jamais occuper deux instants le même point de l'espace dans ce corps; il en est de même de tous les atomes renfermés dans ce corps.

Ce que je viens de dire est exact pour un corps qui serait en repos absolu. Ce corps, n'ayant point de mouvement extérieur, aurait un mouvement intérieur tel, que chaque atome qui serait en lui aurait à parcourir en lui ses cent lieues avec la même vitesse que s'il les parcourait en ligne droite : ainsi de tous ceux qui le composeraient; il résulterait de cela une violence de mouvement telle, que le corps serait immédiatement détruit et dissous par la plus violente des combustions.

Aussi il n'y a aucun corps, dans l'univers, en repos absolu; il ne peut pas y en avoir. Tous parcourent l'espace plus ou moins vite, et les atomes qui composent un corps le parcourant avec lui, leur mouvement intérieur dans ce corps est moins accéléré, plus tranquille, plus lent que celui que je viens de mentionner dans un corps supposé en repos absolu.

La nature du mouvement intérieur dans les corps est toujours relative à la complication des mouvements de ces corps dans l'espace, de manière que la loi générale du mouvement, que je viens d'établir, n'est jamais enfreinte; c'est-à-dire que le mouvement des atomes, soit libre, soit engagé dans les corps, doit toujours accomplir cette loi, que le mouvement du corps soit lent ou prompt.

Je dis que le mouvement des atomes dans l'intérieur d'un corps est toujours combiné avec les mouvements extérieurs de ces corps pour obéir à la loi que je fais connaître; je dis que le mouvement général ne peut jamais être ralenti ni accéléré.

Le mouvement le plus accéléré, la vitesse absolue c'est celle avec laquelle le fluide atomique parcourt l'espace en ligne droite.

Cette vitesse en ligne droite n'appartient à aucun corps dans l'univers.

L'énorme vitesse avec laquelle se meut le fluide igné est beaucoup moindre en ligne droite, parce que chaque globule igné est une molécule composée de beaucoup d'atomes et se meut avec un mouvement de rotation;

quoique, dans un même temps, il ait parcouru une ligne moins longue que le fluide atomique, il a cependant parcouru le même nombre de points de l'espace, à cause de cette rotation.

La rotation ne servirait à rien à l'atome : on le conçoit, elle n'a pas lieu ; mais le globule igné renfermant une grande multitude d'atomes, et par la rotation du globule ces atomes tournant avec lui, on comprend que, dans une moindre ligne de parcours, ils aient parcouru autant de points de l'espace que le fluide atomique dans une beaucoup plus longue ligne.

Qu'est-ce donc qui prouve, peut-on dire, la rotation du globule igné ? Ce qui la prouve, c'est que le globule igné est un soleil petit, semblable au soleil dont il émane, mais un soleil ambulant ; s'il n'était pas ambulant, il ne s'éteindrait pas plus promptement que le soleil lui-même ; si, étant ambulant, il n'avait pas la rotation sur lui-même, son mouvement de parcours dans l'espace pourrait n'être que l'équivalent du mouvement de rotation du soleil, et, par conséquent aussi, il ne s'éteindrait pas plus que le soleil ; mais le parcours dans l'espace, joint à la rotation du globule, fait une somme de mouvement telle, que le globule doit aller toujours en s'amoindrissant, à mesure qu'il s'éloigne, et bientôt s'éteint et est transformé en fluide atomique, cela en exécution de la loi du mouvement.

A présent, pourquoi aucun corps ne peut-il se mouvoir dans l'espace avec la même vitesse absolue dont jouit le fluide atomique ? Parce qu'il n'y a aucun corps qui ne renferme en lui du fluide igné, ce dernier étant seul la cause de la cohésion, et qu'un corps quelconque n'est autre chose qu'une multitude d'atomes en cohésion; tout corps quelconque est donc composé, comme je l'ai dit, des deux fluides, l'atomique et l'igné, en toutes sortes de proportions. Or, tout corps renfermant du fluide igné participe à une combustion quelconque ou infiniment lente, ou excessivement prompte, ou à un degré quelconque intermédiaire entre ces deux.

La combustion donne un mouvement intérieur aux corps; donc aucun corps ne peut avoir la vitesse absolue en ligne droite, parce qu'il est clair qu'ayant un mouvement intestin, il dépasserait cette vitesse absolue, ce qui est impossible.

Je vais formuler de mon mieux la loi du mouvement.

L'atome doit éternellement parcourir un point de l'espace dans un instant, deux points en deux instants, mille en mille instants, ainsi de suite : jamais moins, jamais plus ; c'est là la seule vitesse possible, c'est la vitesse absolue. L'atome ne peut jamais reparcourir l'espace qu'il a déjà parcouru, rentrer dans un seul point de l'espace où il a déjà passé ; cette loi est pour tous les atomes, qu'ils soient libres ou engagés dans le fluide igné ou engagés dans les corps.

La vitesse absolue est la mesure de mouvement que doit accomplir tout ce qui se meut, toute la matière, atomes, fluides et corps.

Que le mouvement d'un corps nous paraisse lent ou accéléré, il n'en accomplit pas moins les conditions de cette loi par des complications de mouvements.

Examinons quelques corps célestes pour voir si cela est vrai. Les diverses planètes de notre tourbillon solaire tournent sur elles-mêmes avec des vitesses différentes ; on n'a pas encore su pourquoi. Je vais le dire.

Cela est en concordance parfaite avec la loi du mouvement que j'annonce. La vitesse avec laquelle une planète fait sa révolution sur elle-même est en rapport avec la vitesse du parcours dans son orbite, et la complication de tous ses mouvements produit la vitesse absolue, la seule vitesse de tout ce qui se meut.

EXEMPLES. — La terre parcourt son orbite en trois cent soixante-cinq jours environ, et tourne sur elle-même en vingt-quatre heures.

La lune, pendant ces trois cent soixante-cinq jours, a fait douze révolutions environ autour de la terre ; son mouvement dans l'espace est donc bien plus rapide que celui de la terre. Mais remarquez que, par compensation, elle montre toujours la même face à la terre ; elle n'a fait que douze révolutions sur elle-même pendant que la terre en a fait trois cent soixante-cinq, en sorte qu'elle n'a eu que douze jours et douze nuits pendant que nous en avons eu trois cent soixante-cinq.

Mars parcourt son orbite en deux ans, fait sa révolution sur son axe en vingt-cinq heures. Jupiter, la plus grosse de toutes les planètes, parcourt son orbite en douze ans, fait sa révolution sur son axe en dix heures environ. Saturne parcourt son orbite en trente ans, fait sa révolution sur son axe en onze heures environ. A la complication de ces deux mouvements il faut encore ajouter leur mouvement intérieur, que nous ne pouvons connaître.

La grosseur des planètes, leur mouvement intérieur, la grandeur de leurs orbites, la vitesse de leur révolution sur leur axe, tout entre en ligne de compte pour l'établissement de leur mouvement. Toutes ces complications produisent toujours, en somme totale, la seule vitesse possible, partout la même pour tout ce qui se meut, et tout se meut, hors l'espace immuable.

Le mouvement d'un corps est compliqué de son mouvement intestin, de son mouvement extérieur et des mouvements divers de la planète sur laquelle il repose. S'il résulte de tout cela un mouvement trop accéléré, les atomes qui composent ce corps le quittent et sont remplacés par d'autres, par du fluide atomique et du fluide igné, continuellement, jusqu'à ce qu'il ait ralenti sa marche ou qu'il soit détruit.

Si, au contraire, le mouvement d'un corps est trop lent (ce qui ne s'applique à aucun corps existant sur la terre), alors les atomes qui le composent sont en lui dans un mouvement de circulation très accéléré, et quand ils ont parcouru en lui tous les points qu'il renferme, ils le quittent et sont remplacés par les atomes qui abordent sa surface; mais ils ne le quittent pas dans le même état qu'ils y sont entrés.

Plus un corps approche de l'immobilité dans l'espace (je cite pour exemple le soleil), plus son agitation intérieure est grande, et, à mesure qu'un corps s'éloigne de l'immobilité du soleil dans l'espace, c'est-à-dire à mesure qu'il le parcourt davantage, son agitation intérieure diminue, mais cela jusqu'à une certaine limite cependant, qui paraît être à peu près atteinte à la surface de notre globe. Si le corps dépassait cette limite, s'il arrivait à la vitesse absolue, à l'instant tout mouvement intestin cesserait, la cohésion serait détruite et le corps dissous en fluide atomique.

Cependant les corps peuvent dépasser un peu cette limite sans être détruits ; mais, comme les atomes qui les composent ne peuvent en aucun cas dépasser la vitesse absolue, il se fait alors un déplacement d'atomes qui quittent le corps, tandis que d'autres les remplacent : le corps ralentit sa vitesse, ou bien il se détruit.

La limite, dis-je, est à peu près atteinte à la surface de notre globe ; en sorte que là c'est l'inverse de ce que je viens de dire qui a et doit avoir lieu : là, si la vitesse d'un corps augmente, son agitation intérieure, au lieu de diminuer, augmente ; si sa vitesse augmente trop, il s'enflamme et se détruit. Plus nous nous mettons en mouvement par des travaux fatigants et des courses, et plus nous éprouvons de mouvement intérieur, de chaleur et de transpiration.

En poussant plus loin cette observation, on verra que si la masse de la terre augmentait, si son diamètre, par conséquent, augmentait, la vitesse de son mouvement, soit dans son orbite, soit dans son mouvement de rotation sur lui-même, devrait diminuer, et cela immanquablement, en vertu de la loi du mouvement ; en sorte que plus sa masse et par conséquent son diamètre augmenteraient, plus aussi son mouvement diminuerait ; en sorte que, cette augmentation continuant et son mouvement diminuant, arriverait l'époque de la presque immobilité. Alors la terre, notre planète, serait devenue un soleil ; la vitesse de son mouvement diminuant, sa force centrifuge augmenterait ; elle quitterait son orbite en s'éloignant.

Cette hypothèse est impossible, parce qu'il faudrait, pour que cela fût possible, que la planète émît moins de fluide qu'elle n'en reçoit, ce qui ne peut être.

Je dirai quand peut exister cette inégalité dans l'émission et la réception des fluides, quand elle existe pour des corps célestes ; je le dirai dans le chapitre sur le soleil et les planètes et comètes. Je ne fais ici cette remarque sur la terre que pour faciliter l'intelligence de la loi du mouvement.

Je dis donc qu'il n'y a pas plusieurs vitesses de mouvement en réalité et relativement à l'espace, mais seulement des différences relatives par comparaison de corps à corps ; qu'il n'y a en réalité que la vitesse absolue, la plus grande possible, celle des atomes libres du fluide atomique, parcourant l'espace en ligne droite ; que la lenteur comparative des corps, leurs degrés de vitesse différents, trouvent une compensation dans leur mouvement intestin, exécuté par les atomes qui les composent, joint à la complication des mouvements de la planète qui les emporte, quand ce ne sont pas des corps célestes.

La différence que nous apercevons dans la vitesse des corps ne consiste donc que dans la direction différente du mouvement, qui, au lieu d'être rectiligne, prend toutes sortes de circonvolutions, et, je le répète, la nature du mouvement des corps est toujours relative à la complication de leurs mouvements intestins et extérieurs dans l'espace, de manière à toujours accomplir la loi de la vitesse absolue.

Comme les directions et complications de mouvements sont infiniment variées dans les corps, je ne dis pas seulement sur la terre, mais dans l'univers, je trouve et il y a en effet dans la loi du mouvement encore l'unité et la multiplicité à l'infini :

L'unité dans l'invariabilité de la loi de vitesse absolue, pour tout ce qui se meut, pour toute la matière, sans aucune exception, vitesse qui ne peut jamais, dans aucun cas, être ni ralentie ni accélérée ;

La multiplicité dans l'infinie variété des mouvements des corps, infinie variété qui a lieu sans que jamais il puisse y avoir infraction à la loi de vitesse absolue.

Il est temps de dire que la loi du mouvement est aussi la loi de combustion et de décombustion : c'est la même loi.

La combustion n'est autre chose qu'une nature de mouvement.

La décombustion n'est autre chose que le mouvement rectiligne dans l'espace (je ne dis pas sur la terre), et toutes les combustions diverses, toutes, sont des mouvements curvilignes quelconques.

J'ai déjà dit qu'il y avait pour la combustion unité et multiplicité ; le résultat de mes recherches m'amène aussi pour la loi du mouvement l'unité et la multiplicité. Il le fallait bien, puisque mes recherches m'ont montré que c'était la même loi ; autrement, j'aurais été dans le faux.

Ainsi donc, pour la combustion, l'unité c'est la combustion des étoiles et de l'étendue de leurs tourbillons, la même pour toutes.

La multiplicité est dans l'infinie variété des combustions qui ont lieu dans ces tourbillons et sur les planètes et comètes.

Ou plutôt l'unité de la combustion, qui est la vie de l'univers, appartient à l'espace, principe de la vie ; car la combustion des étoiles doit être classée dans la multiplicité.

J'ai dit que l'espace était le principe du mouvement et de la vie, parce qu'il y a une différence entre le mouvement et la vie ; la voici :

Le mouvement appartient à la mort comme à la vie.

La combustion (sorte de mouvement) n'appartient qu'à la vie.

Tous les mouvements curvilignes quelconques appartiennent à la vie.

A la mort seule appartient le mouvement rectiligne.

Le principe ou la cause du mouvement et de la vie est dans la volonté une et multiple de l'espace ou esprit.

A l'unité de cette volonté appartiennent la mort et la vie.

A la multiplicité appartient la vie seule, ou plutôt les vies. L'espace veut être toujours parcouru et toujours avec la même vitesse, mais de toutes sortes de manières.

Ici se présente une grande question : Comment la volonté agit-elle ? Comment contraint-elle la matière ? Est-ce par l'émission d'un fluide coërcitif ? Non, l'esprit n'émet point de fluide ; il ne le peut ; sa définition, que je ne répète pas, s'y oppose. Je n'ai donc aucune réponse à faire : c'est le plus impénétrable des mystères inconnus.

J'ai exploité la plus riche carrière ; j'en ai tiré bien des richesses pour l'esprit humain, qui en continuera l'exploitation.

La mine est inépuisable, comme aussi l'esprit humain est infatigable dans ses recherches. Attendons.

J'insiste encore sur une preuve de la loi du mouvement que j'ai trouvée.

J'ai dit que le globule igné est un soleil, qu'il a un mouvement de rotation sur lui-même comme le soleil ; mais remarquez que c'est un soleil ambulant, que, relativement à la loi du mouvement, pour accomplir cette loi, son action, semblable à celle du soleil, de transformer le fluide atomique en igné, va sans cesse en diminuant, et qu'il finit graduellement par être détruit.

C'est donc là une preuve saisissante de la vérité de cette loi du mouvement : il va sans cesse en s'affaiblissant parce qu'il a un mouvement de locomotion dans l'espace, que le soleil n'a pas.

Le fluide igné émis par le soleil, fluide si vivifiant, est dans un mouvement curviligne provenant de la rotation du soleil, et les globules de ce fluide ont, en outre, aussi un mouvement de rotation. Mais, à mesure qu'il s'atténue en s'éloignant du soleil, leur mouvement de rotation diminue de vitesse; la ligne curviligne se redresse, et, quand ils sont devenus fluide atomique, qu'il n'y a plus de globule igné, mais des atomes sans cohésion entre eux, il n'y a plus de mouvement de rotation, et la ligne parcourue alors est droite.

Les physiciens disent que la lumière (le rayon solaire) se meut en ligne droite : c'est bien ainsi en apparence, mais en réalité cela n'est pas; la rotation du soleil entraîne la rotation de ses rayons, et, du point de départ jusqu'au point où le rayon devient atomique, la ligne parcourue dans l'espace est courbe. Si le globule igné laissait une trace de son cours dans l'espace, ce serait une trace courbe.

Il faut montrer à présent ce qui s'ensuit de tout cela : il s'ensuit, chose étonnante, que la diversité des mouvements fait la multiplicité des combustions, la diversité des températures; que le noir, le blanc, les couleurs, la nuit, le jour ou la clarté, les ténèbres, ne sont que le résultat de mouvements différents. De même que la formation des corps, tous les changements qu'ils éprouvent, qui s'opèrent en eux, la mort, la vie, tout enfin n'est que le résultat des différentes combinaisons et complications des mouvements, n'est que la nécessité invincible pour les atomes, soit libres, soit engagés dans les corps, de ne pas enfreindre la loi du mouvement, la loi fondamentale qui veut qu'ils ne puissent occuper deux instants le même point de l'espace, ni occuper deux points de l'espace en un seul instant, ni occuper jamais un point de l'espace qu'ils ont déjà occupé une fois, ce qui constitue la vitesse absolue qu'ils accomplissent en tout état et toujours.

Venons aux preuves. Il faut commencer par se rappeler que la matière morte, c'est-à-dire le fluide atomique est originairement fluide igné, de même que le fluide igné est originairement fluide atomique ; que le fluide igné, matière vivante, s'atténue en s'éloignant graduellement du soleil, des étoiles qui l'ont émis, et finit par devenir, à force de dissolutions et de divisions, fluide atomique, c'est-à-dire atomes qui se suivent tous en ligne droite et avec la vitesse absolue la plus grande possible, ou, pour mieux dire encore, la seule vitesse qui existe dans la nature ; atomes noirs, froids, ronds, sans aucune porosité, impénétrables et indestructibles, ne pouvant jamais subir aucune altération.

Ce fluide est l'émission de toutes les étoiles que nous ne voyons pas ; le fluide émis par celles que nous voyons n'est pas encore assez atténué, n'est pas encore du fluide atomique, est encore du fluide igné immensément affaibli.

Maintenant il est aisé de concevoir que ces atomes *inaltérables*, qui arrivent au soleil noirs et froids, ne peuvent pas changer de nature, car alors ils ne seraient pas indivisibles, inaltérables, impénétrables ; et pourtant ce fluide noir, froid, afflue par masses, en rayons convergents, sur tous les points de la surface du soleil, y pénètre, y circule, et en sort par masses en rayons divergents, blancs, brûlants.

Nous venons de voir que les atomes ne peuvent pas changer de nature, qu'ils sont inaltérables; où donc est la raison d'un si grand changement?

Elle est dans la différence du mouvement de ces atomes, qui de rectiligne devient subitement circulaire. Il est de toute évidence qu'il ne peut pas y en avoir une autre cause. Ce fluide noir et froid parcourt en droite ligne des milliards de lieues avec la plus impétueuse vitesse, et tout-à-coup est contraint de changer la direction de son mouvement sans rien perdre de son absolue vitesse, de changer son mouvement rectiligne en mouvement circulateur : c'est le fil qui se pelotonne.

Il aborde en un corps presque immobile dans l'espace, n'ayant qu'un mouvement de rotation sur lui-même ; on conçoit donc la violence qu'il éprouve. C'est cette violence qui transforme, par un seul arrangement des atomes, et sans qu'ils reçoivent aucune altération, puisqu'ils sont impénétrables, qui transforme, dis-je, le froid le plus vif en feu le plus ardent, en combustion la plus forte qu'il y ait dans l'univers, qui transforme la mort absolue en vie la plus active possible. Nous avons déjà vu que la vie est une combustion. Voilà le phénomène le plus violent de la nature, et il n'est constitué que par un changement dans la direction du mouvement.

Ce phénomène, par lequel la mort est transformée en vie, le froid en feu, le noir en blanc, provient d'un changement de mouvement rectiligne en mouvement de circonvolution, et le phénomène contraire, par lequel la vie devient la mort, le feu devient le froid, le blanc devient le noir, provient du changement qui se fait peu à peu dans le mouvement, qui de rotatoire et circonvolutoire devient rectiligne.

Ce sont là les deux phénomènes principaux de la nature, et j'ai démontré que leur cause est dans des mouvements différents.

Tous les autres phénomènes sont médiats entre ces deux et tiennent plus ou moins de l'un ou de l'autre, et tous dépendent aussi de la complication diverse de leurs mouvements extérieurs et intérieurs.

Qu'on ne dise pas que, par cette opération, les atomes sont altérés, qu'ils changent de nature, puisque de noirs ils deviennent blancs, de froids ils deviennent feu.

Cette altération n'est qu'une apparence produite par une agrégation d'une multitude d'atomes mis en cohésion, mis en état de vie, et qui, par conséquent, nous affectent autrement. La sensation sur nous est différente, mais le froid absolu nous tue, le feu nous tue ; donc ils n'ont pas changé de nature. Quant au noir et au blanc, c'est une apparence aussi. Notre œil est organisé de manière à ne rien voir dans les ténèbres, mais à percevoir le blanc dans toutes ses nuances et les couleurs.

Le fluide igné n'est autre chose que du fluide atomique mis en cohésion , mis de l'état de mort à l'état de vie, et qui affecte notre œil autrement. En cet état, il est parfaitement élastique, parce qu'il est poreux ; tandis que les atomes, dans leur état d'isolement, n'ont aucune élasticité, parce qu'ils ne peuvent avoir aucun retrait sur eux-mêmes. Il n'y a pas de porosité, par conséquent pas d'action et réaction, ce qui constitue l'élasticité. Mais, en état de cohésion , il y a du vide entre les atomes, ce qui fait que, dans le globule igné, il y a retrait sur lui-même ; il y a là action et réaction, c'est-à-dire le choc et le rejaillissement. On conçoit bien cela sans y voir une altération des atomes.

Pour le changement du noir au blanc, on a beaucoup de peine à le concevoir sans altération des atomes, parce qu'on est dupe d'une apparence.

Je reviens à la théorie newtonienne , qui règne encore, pour dire qu'elle établit, comme moi, que le rayon blanc n'est qu'une apparence, puisqu'elle prétend décomposer par le prisme un rayon blanc en sept rayons de couleurs différentes, qu'elle appelle les couleurs primordiales. C'est là une grande erreur en physique. Le monde savant ne s'est pas récrié là-dessus.

Moi je poursuis l'erreur partout où je la trouve ; je chasse les vendeurs du temple.

Ce phénomène consiste en ce que le prisme change la direction du rayon blanc en sept directions différentes, change la marche du rayon par des courbures, et, en la changeant, change les couleurs.

C'est une preuve de plus de ce que j'avance ; que la

diversité des mouvements produit la diversité des couleurs comme de tout le reste.

Oui, la diversité des mouvements fait la clarté, les couleurs, les ténèbres; la diversité de composition et d'organisation des corps fait tout.

Je ferai remarquer encore que le fluide igné pénètre dans la terre et y apporte de la chaleur, mais n'y apporte pas de lumière. Il est blanc et il y entre noir, parce qu'en y entrant : il éprouve une petite déviation de sa route preuve encore que les atomes n'ont pas reçu d'altération. Je dis donc que le fluide igné est composé d'atomes tous noirs réellement, mais pour notre œil il est blanc. La différence est radicale, est absolue entre le blanc et le noir, comme entre la vie et la mort; la sensation sur nous et sur notre œil du fluide atomique et du fluide igné doit être aussi radicalement différente, doit être le contraire absolu.

Je maintiens donc absolument que les atomes sont inaltérables; s'ils ne l'étaient pas, l'univers serait détruit. Le blanc des rayons n'est qu'une apparence, ou plutôt ils sont blancs, mais composés d'atomes tous noirs. Toute la difficulté ici vient de ce que notre œil est organisé de manière à ne percevoir que la clarté et les couleurs. Si on persiste à crier à l'absurde, je répondrai : *Credo quia absurdum, absurdum sed verum.*

A présent que j'ai montré que le feu provenait du mouvement curviligne des atomes, de même que la vie n'est qu'une combustion, on voit que la diversité des vies, des combustions, provient de la diversité des mouvements curvilignes ; on voit que la diversité des mouvements fait le noir, le blanc et les couleurs ; on voit la vérité de ce que j'ai avancé, que la diversité des mouvements fait la diversité des températures, des combustions, des corps vivants, des organisations vivantes diverses, produit tous les changements qu'ils éprouvent, fait la clarté, les couleurs, les ténèbres, fait tout.

On voit à présent pour quoi les planètes ne sont pas des soleils, ne sont pas lumineuses : c'est que, comme elles ne sont pas stables en un point, en un lieu fixe, comme le soleil, mais qu'elles parcourent une orbite autour de lui, le mouvement des atomes qui les composent ne peut pas être si agité, si violent qu'il l'est dans le soleil. Le mouvement dans l'espace, ou mieux le parcours dans l'espace, y est plus grand, par conséquent le feu moins ardent, la transformation du fluide atomique moins complète ; la direction du mouvement n'est pas la même : il y a plus de complication, le fil se pelotonne autrement, cela est de la dernière évidence.

Je ferai remarquer encore que le soleil n'est pas absolument immobile dans l'espace, puisqu'il a un mouvement de rotation sur lui-même qui s'accomplit en 25 jours ½ environ. Si ce mouvement de rotation s'accélérait, qu'il tournât sur lui-même en moins de temps, c'est-à-dire qu'il tournât plus vite, alors la violence du mouvement intérieur serait moins grande en lui, sa combustion moins forte, sa chaleur, sa lumière moins intenses, sa répulsion plus faible ; les planètes s'en rapprocheraient.

Si, au contraire, son mouvement de rotation diminuait de vitesse, la violence du mouvement augmenterait en lui; sa combustion serait plus forte, sa chaleur, sa lumière plus intenses encore, sa répulsion plus forte; les planètes s'en éloigneraient dans la proportion.

Cette diminution de la vitesse de son mouvement de rotation proviendrait de la diminution de force de ses organes. «On a vu des étoiles, dit La Place, briller tout-à-coup du plus vif éclat et disparaître après. Telle fut la fameuse étoile observée en 1592 dans la constellation de Cassiopée. En peu de temps elle surpassa la clarté des plus belles étoiles, de Jupiter même; sa lumière s'affaiblit ensuite et disparut seize mois après sa découverte, sans avoir changé de place dans le ciel. Une autre étoile, qui brilla tout-à-coup du plus vif éclat, en 1604, dans la constellation du Serpentaire, éprouva des variations dans sa couleur : blanc éclatant, puis jaune rougeâtre, enfin blanc plombé. Elle disparut de même après quelques mois.» (*Explication du Système des mondes*, de La Place, chap. xiii.)

C'est ainsi que, dans la vieillesse, il y a parfois des retours de jeunesse; c'est ainsi qu'un feu près de s'éteindre jette un moment une plus grande clarté. Si le mouvement de rotation du soleil s'arrêtait, qu'il devint immobile dans l'espace, à l'instant il serait mort, dissous, emporté dans l'espace et réduit en fluide atomique, et tout son cortége de planètes avec lui. Ne pouvant plus opérer de transformation en fluide igné, il se trouverait plongé dans le fluide atomique, le froid absolu, qui dissout et entraîne à l'instant tous les corps, cadavres bien différents de ceux gisants sur notre globe, dont quelques uns durent si long-temps, les bois par exemple. C'est que, sur notre globe, ils sont plongés dans les deux fluides.

Ce que je viens de dire arrivera avec le temps à notre soleil. C'est ce qui arrive sans cesse, dans l'infinité de l'univers, à quelques étoiles.

Tous les jours il meurt des hommes, tous les jours il meurt des étoiles; l'affaiblissement des organes, la vieillesse en est la cause. Tous les jours il naît des hommes, tous les jours aussi il naît des étoiles, je dis dans l'infinité de l'univers et non pas dans le firmament visible.

La naissance et la mort des hommes se fait sous nos yeux, perpétuellement; le phénomène captive notre attention. La naissance et la mort des étoiles se fait dans l'infinité de l'univers; il faut quelque vingt ou trente siècles pour que, de notre petit point de l'univers, les astronomes en signalent un seul cas. Le phénomène nous frappe peu ou pas du tout; on n'y prête aucune attention.

La durée de la vie humaine est dans un rapport inconnu avec la durée de la vie stellaire, et, sans doute, des siècles par centaines sont à celles-ci ce qu'est à la vie de l'homme la durée d'un jour.

Je l'ai dit et je le répète, la vie et la mort sont temporaires; c'est une loi dont nul être vivant n'est exempt, loi générale de la nature, qui n'est pas autre que la loi du mouvement que je fais connaître.

Tous les mouvements quelconques de tous les corps dans tout l'univers concordent avec cette loi, absolument, sans exception, quelque inaperçus que soient pour nous les changements qu'ils apportent dans les corps.

La terre a une grande complication de mouvements : l'annuel, le diurne et autres. On conçoit que le parcours dans l'espace est bien moindre à son centre qu'à sa surface ; son centre et les parties qui l'approchent parcourent évidemment beaucoup moins de points de l'espace dans le même temps que les parties qui sont à sa surface. On peut de là induire, avec certitude, que son agitation intérieure y est beaucoup plus grande qu'en approchant de la surface, que la température est immensément plus élevée au centre qu'à la surface de la terre, et, par conséquent, que la température va toujours croissant, de la circonférence au centre. Le mouvement du centre de la terre dans l'espace est considérablement plus grand que celui du soleil, puisque la terre parcourt une orbite autour de lui et tourne sur son axe beaucoup plus vite que lui ; aussi la combustion y est considérablement plus faible que dans le soleil, mais considérablement plus forte qu'à sa surface.

A cette surface, les corps sont presque dans la condition voulue par la loi du mouvement, c'est-à-dire à peu près au point de la vitesse absolue, c'est-à-dire de

de peu de degrés en moins ou en plus ; aussi voyons-
nous que les corps en repos sur la terre, les corps que
nous ne croyons pas vivants parce qu'ils ne sont que
participants à la vitalité du globe, voyons-nous, dis-je,
qu'ils n'ont presque point de mouvement intestin, qu'ils
semblent n'éprouver aucune altération. Je parle des
corps que nous appelons inorganisés, de ceux qui ne
sont pas sous l'empire d'une combustion ou vie particulière. Je dis qu'ils nous semblent ne subir aucune
altération, mais cependant ils en subissent une très
lente, celle que subit le globe lui-même, parce qu'ils
participent de la vitalité du globe.

Il en est du globe terrestre comme de nous : la vie,
la chaleur y est plus forte à l'intérieur qu'à la surface.
Je viens de montrer qu'à partir du centre de la terre, la
chaleur et l'agitation intérieure diminuaient progressivement ; plus on approchait de la surface, et cela parce que
le parcours dans l'espace augmentait, plus on approchait
de la circonférence. Eh bien ! à cette surface le contraire a lieu et doit avoir lieu, parce que là est à peu
près atteint le point de la vitesse absolue. Là, plus nous
nous mettons en mouvement et plus nous éprouvons
de chaleur, d'agitation et de transpiration ; là, plus on
augmente le mouvement, plus on met d'agitation et de
chaleur dans les corps. Alors les atomes les quittent,
sont remplacés par d'autres, jusqu'à ce que le corps se
ralentisse, ou que le corps s'enflamme et se détruise. À
cette surface, si, faute de mouvement suffisant, le fluide
atomique vient à dominer dans les corps, alors ils se

7

durcissent, ils gèlent, et en cet état toute leur substance est continuellement renouvelée par des atomes nouveaux, sans que cela nous soit aucunement apparent. C'est ce que j'expliquerai et démontrerai dans le chapitre de la Combustion. Là, à la surface du globe, tous les corps s'échauffent par le mouvement; c'est le cas dans lequel se trouve tout projectile sur la terre. Un boulet de canon, dans sa course, éprouve assurément une grande altération intérieure, qu'elle nous soit ou non sensible, apercevable. Là, plus un corps reste immobile, et plus son mouvement intestin est tranquille; de même que, plus il augmente son mouvement, plus aussi il augmente son agitation intestine. Il en est ainsi, je le répète, parce que, par la combinaison et la complication des mouvements du globe, la vitesse des corps à sa surface est à peu près au point de vitesse absolue, et que, si nous augmentons le mouvement, nous mettons les atomes dans le cas d'occuper deux points de l'espace dans un instant, ce qui étant absolument impossible, ils s'agitent et quittent le corps.

Du centre de la terre à sa circonférence, le mouvement est éloigné de la vitesse absolue en moins; il est en deçà. Du centre à la circonférence, il va en s'en rapprochant. À la circonférence, le mouvement est au point de vitesse absolue, à peu près. Là, tout mouvement qui s'augmente s'éloigne de la vitesse absolue en plus; il va au-delà. Je dis à peu près, parce que le mouvement n'est pas le même sur toute cette surface; il varie avec les latitudes. La différence de température sur les différentes zônes parallèles à l'équateur du globe terrestre provient de la différence de vitesse de mouvement beaucoup plus que de la différence d'aspect du soleil, à laquelle seule cependant on l'attribue. Un point de la surface sur la zône équatoriale parcourt immensément plus de points de l'espace dans le même temps qu'un point de la surface aux pôles ; aussi la température y est immensément plus élevée, et va en diminuant d'autant plus qu'elle approche plus des pôles. J'affirme que la différence de l'aspect du soleil, que le plus ou moins d'obliquité de ses rayons ne peut absolument pas produire un si grande différence. Les nuits sur la zône équatoriale sont plus longues qu'aux pôles, et il y afflue autant de fluide atomique, lequel fluide est tout aussi froid dans un lieu que dans un autre. Cependant ces deux causes agissent concurremment.

Si, les mouvements de la terre restant les mêmes, son diamètre était plus grand qu'il ne l'est, il arriverait qu'à partir de l'extrémité du diamètre actuel jusqu'aux extrémités de ce diamètre allongé, la chaleur irait en augmentant. Pourquoi ? Parce qu'alors, à cette surface, le mouvement dépassant la vitesse absolue, il faudrait que continuellement les atomes l'abandonnassent et fussent remplacés par d'autres ; il y aurait feu, incandescence constante. De même dans le soleil, son mouvement dans l'espace étant immensément moindre au centre qu'à la surface, l'agitation intérieure est immensément plus forte, c'est-à-dire le feu est immensément plus violent au centre qu'à la surface ; et, à mesure

que son diamètre augmenterait, la chaleur de la circonférence diminuerait, et ce diamètre augmentant
pourrait être amené au point où tout, sur la circonférence du soleil, serait à la même température que sur la
surface du globe que nous habitons. Alors la surface du
soleil serait au point de la vitesse absolue : ce ne serait
plus un soleil ; et, à partir de là, si son diamètre augmentait encore, dès lors la chaleur de la circonférence, au
lieu de diminuer avec l'agrandissement du diamètre,
augmenterait au contraire, parce qu'alors elle dépasserait le point de la vitesse absolue ; et, comme rien de ce
qui se meut ne peut dépasser la vitesse absolue, quand
un corps est dans ce cas, il est sans cesse entièrement
renouvelé. Dans le cas supposé, cette circonférence serait promptement et sans cesse renouvelée : ce serait
encore un soleil. Je n'ai pas besoin de dire que ma
supposition est toujours dans la condition que les mouvements du soleil soient les mêmes. Règle générale, les
parties d'un corps qui s'éloignent du point de la vitesse
absolue, soit en moins, soit en plus, c'est-à-dire en deçà
et au-delà, sont dans une agitation intérieure plus
grande, par conséquent d'une température plus élevée
que les autres parties de ce corps, et cette règle générale
est pour tous les corps de l'univers, sans aucune exception. Tout corps quelconque renferme du fluide igné,
parce que le fluide igné est lui seul le principe de la cohésion et qu'un corps n'est qu'une multitude d'atomes
en cohésion. Tout corps, par cela même qu'il renferme
du fluide igné, a de la vie, et par cela même aucun corps

quelconque ne peut parcourir l'espace en ligne droite. Qu'on comprenne bien l'absolu de ma proposition. Je dis ne peut parcourir l'espace en ligne droite, et je ne dis pas la terre. On n'aura pas la sottise de croire qu'un corps qui trace sur la terre une ligne droite, qui trace une ligne droite même dans l'atmosphère, parcourt l'espace en ligne droite. On sait bien que la terre parcourt l'espace en mouvement curviligne et que ce mouvement entraîne son atmosphère.

Tout corps quelconque parcourt l'espace dans un mouvement curviligne quelconque et avec la vitesse absolue, quelle que soit la lenteur qu'il puisse montrer à nos yeux. J'entends par là qu'il faut absolument que chacun des atomes qui composent un corps occupent à chaque instant un point nouveau de l'espace ; c'est là ce qui constitue la vitesse absolue, que je soutiens être la loi du mouvement général pour tous les atomes. Dans quelque sens que ce soit, il faut que chaque atome l'exécute. Si un corps nous paraît sans mouvement, nous savons qu'il subit les mouvements de la planète qui l'emporte et qu'il subit aussi un mouvement intestin plus ou moins actif. Aucun corps quelconque, aucun de tous les atomes qui le composent ne peut jamais être ni en deçà ni au-delà de ce mouvement, sans que dans ces deux cas il soit continuellement renouvelé par des atomes nouveaux qui prennent absolument la même place que les atomes chassés, et de là vient que cette opération ne nous est pas apercevable. C'est dit, c'est assez dit.

DE LA COMBUSTION.

Je viens de montrer que la combustion n'est autre chose qu'une nature de mouvement curviligne ; j'ai fait voir que la plus forte de toutes, celle qui a lieu dans le soleil, provient d'un mouvement des atomes qui de rectiligne devient subitement curviligne ; les autres combustions, plus faibles, proviennent des atomes qui entrent dans un mouvement curviligne différent. Toute combustion quelconque est entretenue par un continuel afflux d'atomes ; il faut donc, de toute nécessité, qu'il y ait aussi une continuelle émission d'un fluide quelconque produit de cette combustion : de là nécessité de respiration et d'émission, d'où il suit que tout ce qui est sous l'empire d'une combustion quelconque est sans cesse en renouvellement de matière, et cela plus ou moins vite, suivant la nature de la combustion, c'est-à-dire du mouvement. Il y a des combustions très accélérées et des combustions très lentes. Dans le soleil l'afflux du fluide atomique et l'émission du fluide igné sont égaux, c'est-à-dire il entre autant de fluide qu'il en sort. Le fluide qui en sort provient toujours des atomes qui y ont séjourné le plus longtemps. Les atomes y entrent et parcourent en lui tous les points d'une spirale qui va de la circonférence au centre et revient du centre à la circonférence avant d'en sortir en fluide igné. J'ai à faire ici une remarque, c'est que jamais un atome ne peut couper la ligne qu'il a tracée dans l'espace, parce que ce serait rentrer dans un point qu'il a déjà occupé. Le soleil se renouvelle donc sans cesse et d'autant plus rapidement qu'il est plus en deçà du mouvement absolu. Il a un mouvement de rotation sur lui-même en vingt-cinq jours et demi ; il s'ensuit qu'à son centre il n'y a pas non plus immobilité, mais parcours de l'espace très petit, très lent, car même le point géométrique, le point atomique même, qui est encore plus petit que le point géométrique, n'est pas immobile, à cause de la perturbation que causent au soleil les planètes dans leur marche. Ce parcours, très petit, très lent au centre, s'augmente de même que la vitesse de parcours pour toutes les parties du soleil, d'autant plus qu'elles sont plus éloignées du centre ; c'est-à-dire que plus ses parties sont rapprochées du centre, moins elles parcourent de points dans l'espace, et que plus au contraire elles en sont éloignées, plus elles en parcourent dans le même laps de temps. Il en ressort cette nécessité que les atomes qui abordent sa circonférence la parcou-

rent en spirale en s'approchant du centre , et ils commencent par une vitesse qui va toujours en s'accélérant
plus ils approchent du centre , et qu'en s'éloignant du
centre à la circonférence, leur vitesse va en diminuant
graduellement , tandis qu'en quittant le soleil pour se
répandre en rayons ignés, leur vitesse va en augmentant ; tout cela en vertu de l'inflexible rigueur de la
loi du mouvement.

Pour me faire mieux comprendre encore , je dirai
que la vitesse de mouvement du fluide atomique entrant est , dans le soleil , en raison inverse de la vitesse
de parcours dans l'espace des parties où il circule , soit
en allant, soit en revenant. Le soleil se renouvelle tout
entier et sans cesse ; la chose est certaine et prouvée
par cela qu'aucun atome ne peut faire de station dans
l'espace. Comme le soleil occupe un lieu à peu près
fixe dans l'espace , s'il conservait toujours la même
substance, il en résulterait que cette substance , masse
d'atomes, ferait station dans l'espace. Comme il n'a à
peu près qu'un mouvement de rotation sur lui-même,
son point du centre ne changerait pas de position ; là,
le temps serait donc immobile , les points voisins met-
traient des milliards d'instants pour aller d'un point
de l'espace à l'autre , les minutes y seraient des siècles,
et, quoique la vitesse du mouvement allât en augmentant graduellement jusqu'à la circonférence, le temps,
dans tout son être, n'en serait pas moins d'une énorme
lenteur.

Il est donc de la dernière absurdité de croire que le

soleil conserve toujours sa même substance ; non, cela n'est pas. Le soleil entretient sa combustion, qui le renouvelle tout entier et sans cesse avec le fluide atomique pur, et le produit de cette combustion est le fluide igné pur.

Il en est de même de la terre que nous habitons ; elle se renouvelle sans cesse et par la même raison.

Tous les autres corps sont baignés dans ces deux fluides que j'ai montré être le produit de deux mouvements différents, le rectiligne et le circulaire, ou plutôt le mouvement en spirale. Cette inflexible rigueur de la loi du mouvement dont je viens de parler force les atomes à se faire des canaux de circulation dans les corps, canaux en harmonie avec la nature complexe de mouvements qu'ils ont à accomplir. Aussi toute organisation de corps est le travail d'une combustion, toute combustion organise, et, suivant sa nature, elle organise de telle ou telle façon; la seule où elle puisse obéir à la loi du mouvement.

On croit pourtant que la combustion détruit, désorganise au lieu d'organiser. Pourquoi cela? Parce qu'on ne regarde comme combustion que le feu qui détruit les corps ; mais la combustion qui détruit les corps n'est qu'une nature particulière de combustion, que vous appliquez à des corps qui ne la comportent pas, et qui désorganise ces corps (corps qui avaient été organisés par une autre sorte de combustion) en les réorganisant à sa façon, chaque nature de combustion n'ayant qu'une manière d'organiser. Dans la combustion solaire il y a renouvellement perpétuel de substance ; cette combustion est le résultat du mouvement, qui de rectiligne devient subitement spiralé. Le mouvement rectiligne dans l'espace est froid et noir ; le mouvement spiralé dans l'espace qu'occupe le soleil est brûlant et lumineux. Ce froid et ce feu sont l'absolu ou le *summum* du froid et du feu dans la nature. Tous les autres corps baignés dans ces deux fluides, qui ne sont autre chose l'un et l'autre que des atomes pareils, mais en deux différentes natures d'arrangement, de mouvement, participent de ces deux fluides en diverses proportions et diversement modifiés.

De même que dans la combustion solaire, il y a dans toute autre combustion quelconque renouvellement de matiére plus ou moins prompt ; de même aussi toute autre combustion quelconque provient de l'afflux d'un fluide dont le mouvement s'approche du rectiligne, et qui, dans ce corps, devient plus curviligne qu'il ne l'était, devient plus ou moins curviligne, et dans toute combustion le fluide émis est plus chaud que le fluide admis, et dans toute combustion le fluide émis est d'autant plus chaud que son mouvement dans le corps comburant s'écartait plus de la ligne droite.

Dans toute combustion il y a fluide entrant et fluide sortant ; si vous interceptez l'un ou l'autre, la combustion s'éteint. Dans toute combustion le fluide entrant chasse les atomes constituant le corps et prend leur place, chassé à son tour par la continuation d'afflux de fluide, et cela jusqu'à l'extinction de la combustion.

Dans toute combustion il y a production de chaleur c'est-à-dire émission d'un fluide plus ou moins chaud, selon la nature de cette combustion. Si on objectait que l'oxydation des métaux infirme ce principe, parce qu'on n'aperçoit point de production de chaleur par cette nature de combustion, je répondrais que, loin d'infirmer le principe, cela en est une preuve complète, parce que l'oxydation des métaux augmente leur poids; il n'y a pas production de chaleur parce qu'il n'y a pas de fluide émis. Le fluide absorbé, l'oxygène a été gardé; il y a eu fluide entrant et non fluide sortant. Le fluide sortant, dans toute combustion, est un fluide de nature plus ou moins ignée, mais différent de celui que le soleil nous envoie, qui est le fluide igné pur; je me reprends cependant pour dire qu'il n'est différent que par la chaleur : c'est du fluide atomique imparfaitement transformé, c'est le produit d'un mouvement moins curviligne. Je viens de dire que dans toute combustion il y avait fluide entrant et fluide sortant, et que, si on interceptait l'un ou l'autre, la combustion s'éteignait; je veux en citer un exemple remarquable dans l'oxydation des métaux. Un métal absorbe de l'oxygène, peu et lentement; il y a production de chaleur, mais proportionnelle à l'absorption et presque inapercevable, et cela tant que durent l'entrée et la sortie d'un fluide; c'est au reste l'espèce de combustion qui produit le moins de chaleur. Le métal absorbe de l'oxygène qui le pénètre, et il n'y a pas tout de suite émission de fluide; et lorsque cette émission de fluide, légèrement chaud, s'arrête, la combustion s'éteint, c'est-à-dire l'oxydation ne continue pas, et vous trouvez dans le métal oxydé une augmentation de poids. La cessation de l'oxydation provient de ce que le métal reçoit plus d'afflux d'oxygène qu'il ne peut en transformer, et quand cette combustion lente s'éteint, tout ce qu'il a absorbé n'a pas été transformé; l'augmentation de poids le prouve.

Je viens de dire aussi que dans toute combustion le fluide entrant chassait les atomes constituant le corps et prenait leur place, mais il ne les chasse qu'en leur faisant éprouver par un mouvement rapide une transformation en fluide igné.

Quant à la production de chaleur par la combustion, il faut dire ce qu'on a tort de croire, dire ce qui est réellement.

On croit que la combustion absorbe l'oxygène dissous dans le calorique, que cette dissolution dans le calorique le constitue gaz oxygène, que dans la combustion il se combine avec le combustible, en abandonnant et mettant à nu le calorique qui le tenait en fusion, et que c'est ce calorique mis à nu qui seul constitue la chaleur produite; mais, s'il en était ainsi, qu'on me dise pourquoi plus il fait froid et plus la combustion est active et forte, moins il y a de calorique dans l'air, plus la combustion est ardente. Et dans quelle immense quantité de calorique tenez-vous donc un peu d'oxygène dissous? Qu'on prouve donc d'ailleurs que l'oxygène est un corps tenu en dissolution dans le calorique. Cela n'est pas. Le gaz oxygène n'est autre chose que du fluide atomique qui a reçu dans l'intérieur du globe terrestre un commencement de transformation; c'est un fluide qui tient très peu de la nature du calorique. Je dis, moi, que la chaleur produite dans la combustion provient du mouvement que subit l'oxygène dans le combustible et qu'il donne à toutes les parties de ce combustible; je dis qu'il imprime à toutes les molécules constituantes de ce corps un mouvement qui les transforme en fluide igné, ce qui produit le feu; la suite va développer cela.

Mais auparavant pourquoi, sur la surface de la terre, le fluide atomique ne peut-il servir à la combustion, et faut-il, pour son entretien, non du fluide atomique, mais de l'oxygène? Parce que le mouvement de la terre dans l'espace est autre que celui du soleil; elle a beaucoup plus de complications de mouvements; elle parcourt une orbite autour du soleil; de plus, elle tourne sur elle-même beaucoup plus vite que le soleil et a encore d'autres mouvements; ainsi, elle parcourt beaucoup plus de points de l'espace dans le même temps que le soleil.

Le fluide atomique parvient cependant au centre de notre globe, comme je le dirai ailleurs, y devient igné et entretient la combustion, la vie du globe; mais il n'y subit pas une aussi grande transformation que dans le soleil. L'atmosphère est un des produits de cette transformation, l'atmosphère, fluide homogène, quoique composé de 0,77 d'azote et de 0,23 d'oxygène.

Mais je dis homogène à cause de la perfection du mélange ; car, à la rigueur, il n'y a d'homogène que le fluide atomique, seul élément de tous les corps. Ainsi, le fluide atomique au centre de la terre, centre qui parcourt moins d'espace dans le même temps que la surface, peut encore être transformé en fluide igné, qui y circule comme le sang et porte la vie dans tous les points du globe ; mais sur la surface de ce globe le même fluide atomique pur ne peut pas être transformé en igné. Le grand parcours dans l'espace que font continuellement les corps sur la surface du globe ne leur permet de transformer que l'air atmosphérique quelquefois, que l'oxygène presque toujoursr Pourquoi ? Parce que tous les corps sont composés de fluide atomique imparfaitement transformé ; disons plutôt en divers états de transformation, ce qui revient au même, que de dire que tous les corps sont composés des deux fluides atomique et igné en diverses proportions.

Du fluide atomique imparfaitement transformé. C'est un fluide qui n'est ni igné ni atomique, ou bien qui est un peu igné, un peu atomique, quelquefois plus igné, moins atomique, d'autres fois plus atomique, moins igné. Les corps sur la terre, ainsi composés, sont dans un état mixte ou état de double substance, et c'est pourquoi ils ont besoin pour leur combustion d'un corps en harmonie avec eux, comme l'oxygène, qui n'est ni entièrement atomique ni fluide igné, mais dans un état mixte, comme les corps.

Je fais observer que le fluide atomique pur est du

froid le plus intense possible, et qu'il exige pour sa transformation le feu le plus fort et le plus intense ; aussi la combustion solaire seule s'alimente de fluide atomique, et la combustion sur la terre s'éteint dans ce fluide.

Je fais aussi observer que cette extrême haute température du soleil provient de ce qu'il fait moins de mouvement, moins de parcours dans l'espace que le globe terrestre : c'est là ce dont il faut bien se pénétrer, c'est là le grand secret de tout ; aussi, sur notre globe, qui fait plus de mouvement, plus de parcours dans l'espace, la température de la combustion ne peut jamais être aussi élevée que dans le soleil, et, par conséquent, ne peut s'alimenter de fluide atomique. Qu'on ne perde pas de vue que le fluide atomique pur a besoin pour sa transformation de tracer une spirale à peu près parfaite dans un corps presque immobile dans l'espace, et, pour bien comprendre tout ce que cette vraie théorie apprend, il ne faut jamais faire abstraction du mouvement subi par le fluide dans un corps, mais il faut toujours y comprendre et ajouter le mouvement que le corps fait, lui aussi, dans l'espace, lui ou la planète qui le porte ; de cette complication ou de cet ensemble du mouvement résulte une courbe quelconque parcourue.

Si toutes ces courbes laissaient trace dans l'espace, trace visible pour nous, nous verrions une immense multitude de courbes différentes, qui toutes ont opéré une transformation différente, et à toutes les courbes pareilles a eu lieu une transformation pareille du même fluide. Chacun de tous les atomes constituants d'un corps trace une courbe dans l'espace dont la figure est telle que l'a exigée la nécessité pour l'atome de parcourir à chaque instant un point nouveau de l'espace.

L'atome libre ne laisserait jamais dans l'espace qu'une trace rectiligne ; l'atome uni à d'autres ou en cohésion ne laisserait jamais qu'une trace curviligne.

Il faut donc aux corps sur la terre, qui sont à l'état mixte, un fluide mixte comme eux pour leur combustion ; le feu sur la terre n'est pas le feu pur comme le feu solaire, de même que l'oxygène n'est pas le fluide atomique pur. D'ailleurs, l'oxygène est de tous les gaz ou fluides le plus semblable au fluide atomique ; ce dernier n'a aucune réfrangibilité, les rayons solaires le traversent sans aucune réfraction. Eh bien ! de tous les gaz on sait que c'est le gaz oxygène qui a la moindre force de réfraction, donc c'est celui de tous qui est le plus semblable au fluide atomique ; mais il en a une, donc il n'est pas fluide atomique pur. Le fluide atomique est le seul agent de la pesanteur, le gaz oxygène est un des plus pesants ; le fluide atomique n'a aucune élasticité, le gaz oxygène est un des gaz les moins élastiques.

Le gaz hydrogène, au contraire, est celui de tous qui a la plus grande force de réfraction, la plus grande légèreté, la plus grande élasticité ; c'est donc celui de tous qui est le plus semblable au fluide igné. Ainsi, le gaz oxygène contient un peu de fluide igné, puisqu'il est un peu élastique ; il ne le serait pas s'il n'en contenait point. En disant qu'il contient du fluide igné, je veux seulement faire comprendre que c'est du fluide atomique qui n'a subi qu'un commencement de transformation ; de même le gaz hydrogène contient un peu de fluide atomique, puisqu'il a un peu de pesanteur, et, en disant aussi qu'il contient un peu de fluide atomique, je veux faire entendre que c'est du fluide atomique qui approche plus que tous les autres corps de la transformation complète.

Ainsi donc, la combustion solaire s'alimente du fluide atomique.

La combustion vitale du globe terrestre s'alimente aussi, au centre du globe, de fluide atomique, mais qu'elle ne transforme pas complétement ; la combustion sur la surface de la terre s'alimente d'oxygène : je viens d'en donner les raisons.

Cependant je peux citer des combustions que nous opérons dans le fluide atomique.

Quand nous faisons le vide dans la machine pneumatique, le ballon privé d'air se remplit de fluide atomique, non pur cependant, puisque la lumière, qui est du fluide igné, pénètre aussi ce ballon, mais c'est en majeure partie du fluide atomique ; un corps embrasé qu'on y introduit s'y éteint à la vérité, mais l'appareil électro-moteur de Volta y fonctionne et décompose l'eau aussi bien que dans l'air, que dans l'oxygène même. Voilà donc une combustion sans oxygène, une combustion dans le fluide atomique, mais toujours dans un fluide mixte. On a aussi volatilisé le diamant dans ce prétendu vide, c'est-à-dire dans le fluide atomique, avec les rayons du soleil rassemblés par le verre ardent ; c'est encore une combustion sans oxygène. A-t-on examiné le produit de cette combustion ? Je ne sais pas. Est-ce du gaz acide carbonique ? Je le pense. Enfin, le corps le plus combustible, le phosphore, ne brûle pas à la température ordinaire dans l'oxygène ; pour qu'il y brûle, il faut qu'il soit fondu, et pour cela élever la température à 30 degrés de Réaumur, tandis que dans l'air atmosphérique, à la température même de la glace, le phosphore brûle lentement, et sa combustion continue jusqu'au dernier morceau. Ainsi, par défaut de température, le phosphore ne brûle pas dans l'oxygène, mais brûle dans l'air atmosphérique, qui renferme azote et oxygène ; ainsi, encore un fluide mixte. Il lui faut deux fluides pour brûler à la température ordinaire, ce qui prouve qu'il y a en lui deux combustibles différents ; ainsi, il faut donc cesser de le croire, comme on le prétend, un corps simple : ceci prouve le contraire.

De plus, sous le ballon de la machine pneumatique et dans l'oxygène, si on donne quelques coups de pompe pour diminuer la pression, ce qui introduit du fluide atomique, il brûle à une moindre température, et plus on diminue la pression, moins il faut élever la température. Ce qui est remarquable, il lui faut deux fluides pour brûler à une basse température, ou bien l'échauffer à 32 degrés pour qu'il brûle dans un seul, l'oxygène, ou bien encore on peut abaisser la température, et il brûle dans l'oxygène mêlé avec du fluide atomique ; il absorbe donc deux fluides. Le phosphore brûle même dans le ballon de la machine pneumatique, dans le vide, qui n'est que l'absence de l'air et la présence du fluide atomique ; il y brûle, dis-je, si vous le soupoudrez de résine et l'enveloppez de coton : la résine et le coton suppléent à la température et au fluide qui manquent. Il n'y a point de combustion sans absorption de fluide ; ici, il n'y a point d'oxygène, il faut donc bien admettre, de toute nécessité, l'existence du fluide atomique, qui est absorbé dans cette combustion.

Ce n'est pas inutilement et sans dessein que j'ai cité ces combustions dans le fluide atomique, mais pour donner une preuve de plus de la réalité de ma découverte du fluide atomique, pour montrer une fois de plus qu'il est bien l'élément du feu comme de toutes choses, puisque j'ai montré que même sur notre globe il peut entretenir quelques combustions.

La combustion est le moyen que la nature emploie pour que dans tous les corps et en toutes choses, et toujours et sans aucune cesse, le mouvement absolu ait lieu.

Les principes que nous retirons des corps n'y sont pas avant les opérations auxquelles nous les soumettons pour les extraire, le feu ou les réactifs ; mais ils sont produits par ces opérations, qui sont des combustions. Ainsi, par la combustion, un morceau de bois vous donne hydrogène, oxygène ou eau, charbon ou gaz, acide carbonique ou autres acides gazeux, cendre ; le morceau de bois n'a rien de pareil. Tout cela est le produit de la nature des mouvements que l'oxygène a éprouvés dans le bois ; ce sont les transformations qu'il a subies.

Qu'y a-t-il de commun, de semblable entre le bois et le marbre et toutes les pierres calcaires dites carbonate de chaux ? Certes, rien n'est plus dissemblable, et pourtant, par la combustion, vous trouvez dans l'un et dans l'autre du carbone ou du gaz acide carbonique ; c'est qu'entre les divers mouvements que l'oxygène éprouve dans ces corps si dissemblables il y a un mouvement semblable opéré dans la combustion de chacun de ces corps. Ce gaz acide carbonique n'est, lui aussi, que du fluide atomique en un certain état de transformation.

Ce gaz, impropre à la combustion, à la combustion qui décompose et détruit les corps, est très propre à la combustion qui forme les végétaux. Cette sorte de combustion, appelée végétation, l'absorbe et le convertit en végétaux, en un morceau de bois, par exemple, où il a changé de nature ; et, en brûlant ce bois, vous le faites encore changer de nature, vous le convertissez en fluide igné, et l'oxygène qui produit cette combustion nouvelle se transforme en divers produits que j'ai dits, et entre lesquels est le gaz acide carbonique.

Il y a un nombre immense de natures de combustion : ainsi, de même que le fluide atomique se transforme en fluide igné, le fluide igné en fluide atomique, de même le gaz acide carbonique, qui est du fluide atomique en transformation incomplète, se transforme dans les végétaux, se transforme entre autres en bois, qui nous sert d'exemple, et de bois se transforme de nouveau, par combustion, en gaz acide carbonique.

Si j'ai tort, trouvez-moi donc ce principe ou plutôt ce carbone dans le bois, par quelque division ou opération mécanique quelconque, qui ne soit pas une combustion, par une opération qui ne transforme pas.

Si j'ai tort, il vous faut maintenir vos cinqante-deux éléments, comme inaltérables.

Moi, je ne veux qu'un élément, le fluide atomique.

L'atome est le roi de l'univers.

La combustion est généralement l'acte par lequel la nature transforme, soit le fluide atomique pur en fluide igné pur, soit le fluide igné pur en fluide atomique pur. Par cette opération, elle fait tantôt de la synthèse, tantôt de l'analyse : de la synthèse quand elle transforme graduellement ce fluide atomique en corps divers ; elle fait de l'analyse quand sa transformation marche graduellement à la résolution des fluides et des corps à l'état atomique. Ainsi, sur la surface de la terre, la combustion ne peut pas transformer le fluide atomique pur, par défaut de température suffisante ; il y a toujours défaut de température suffisante, je le répète, parce que tous les corps sur cette surface, emportés par les mouvements de la planète, parcourent avec vitesse l'espace immobile. Là, la combustion a besoin pour s'opérer de l'afflux des deux fluides; il y a absorption de chaleur et absorption d'oxygène pour que la combustion s'établisse. Une fois établie, il n'y a plus absorption que d'oxygène, parce que la chaleur qui se produit repousse l'afflux du fluide igné. En cet état, l'oxygène est toujours transformé en fluide plus chaud qu'il n'était, parce qu'il éprouve un mouvement plus curviligne dans le corps où il est entré qu'avant d'y entrer. On peut regarder comme synthétique la combustion vitale des animaux et des végétaux (quant au règne minéral, il participe à la vie du globe terrestre, comme partie vivante d'un être vivant), et on peut regarder comme analytique la combustion qui détruit les corps, cette défermentation qui s'établit à la mort animale et végétale. Il y a toujours dans la combustion, ou renouvellement continuel de substance, ou décomposition, destruction des corps; il y a marche à la réduction en fluide atomique : le premier cas dans la combustion par synthèse, le second dans celle par analyse.

Il y a dans l'univers une multitude infinie de vies ou d'organisations différentes, qui appartiennent chacune à une nature de combustion particulière.

Donc la combustion, de même que l'espace, âme du monde, de même que l'univers matériel, est une et multiple. L'unité de la combustion fait la vie générale de l'univers ; la multiplicité dans la combustion fait la vie de l'infinité des organisations diverses. Il faut cesser de regarder le phénomène de la combustion comme n'appartenant qu'au feu qui détruit les corps ; celui-ci n'est qu'une nature de combustion entre toutes.

Tous les corps quelconques sont sous l'empire de la combustion, laquelle n'est autre chose que du mouvement, et, chose bizarre en apparence et qui est pourtant l'absolue vérité, il n'y a aucun corps qui, soit que nous le voyons en repos, soit que nous le voyons mu avec la plus grande célérité, ne soit sous l'empire inflexible de la vitesse absolue, qu'il accomplit toujours sans jamais la ralentir ni l'accélérer.

A l'arrivée du fluide atomique au soleil commence la combustion par synthèse, et au départ du fluide igné du soleil commence la combustion par analyse ; l'une et l'autre mettent un temps égal à s'opérer, d'où il résulte que le fluide atomique parcourt autant de points de l'espace dans le soleil que le fluide igné depuis son départ du soleil jusqu'à sa dissolution en fluide atomique.

Dans la combustion sur la terre il n'y a d'autre différence sinon qu'elle transforme le gaz oxygène au lieu de transformer l'acide atomique : le gaz oxygène est le plus semblable au fluide atomique. Tous les corps sont composés des deux fluides atomique et igné, tous les corps sont en combustion ; ces deux fluides ne peuvent sortir des corps que par combustion, que transformés en fluide igné, lequel sera transformé de nouveau en atomique en parcourant l'espace. Mais, dira-t-on, l'atmosphère, suivant vous, effluve de la terre, et qui va se dissoudre dans l'espace. Il est composée d'azote et d'oxygène qui vont évidemment se dissoudre, effectuer leur séparation et décomposition dernière, se réduire en fluide atomique à mesure qu'ils s'éloignent de la terre, sans combustion, sans transformation en fluide igné. Voilà une erreur qu'il importe de détruire.

Je dis donc : Le globe terrestre a bien évidemment un mouvement intérieur perpétuel ; et je dis de nouveau : Point de mouvement intérieur dans aucun corps sans combustion. Chaque combustion a ses produits ; l'atmosphère est donc le produit de la combustion vitale terrestre en combustion lui-même, ce qui est démontré par son mouvement intérieur. S'il ne l'était pas, existerait-il de la chaleur la nuit, lorsque les rayons solaires ne nous parviennent pas ? Non, il n'existerait qu'un froid glacial absolu ; car aucun corps ne peut transmettre de la chaleur s'il n'est en combustion ou latente ou visible. Ainsi, l'atmosphère est en combustion ; elle se transforme sans cesse en fluide igné, qui lui-même, à mesure qu'il s'éloigne de la terre, devient graduellement fluide atomique. De même que le fluide igné qui nous vient du soleil est le produit de la combustion vitale solaire en combustion lui-même, de même l'atmosphère terrestre est le produit de la combustion vitale du globe en combustion lui-même.

J'ai dit que les principes que nous retirons des corps n'y sont pas avant leur combustion. En vain objecterait-on que l'on obtient de l'oxygène en calcinant très fortement la pierre noire, dite peroxyde de manganèse ;

que, par conséquent, on le dégage par la combustion du corps qui le contient ; donc qu'il n'est pas, par cette combustion, transformé en fluide igné. Cette objection prouverait qu'on n'a pas compris la théorie que j'ai donnée de la combustion, qu'on n'a pas compris que la production de la chaleur et de la lumière était due à la transformation en fluide igné de tout le corps brûlé, et que les principes qu'on pouvait recueillir après la combustion provenaient de la transformation qu'avait subie l'oxygène de l'air qui a été employé à cette combustion, provenait de la nature des lignes courbes qu'il a effectuées dans le corps en combustion, car il ne trace pas les mêmes courbes dans tous les corps. La combustion, j'y reviens, n'est qu'une nature de mouvement, en sorte que l'oxygène qu'on retire par la calcination du peroxyde de manganèse n'est pas celui qui y était en combinaison, car il a été transformé en fluide igné, mais c'est celui qui était dans l'atmosphère et qui a servi à la calcination du manganèse. Cette réponse suffit à l'objection. Je répète qu'il n'y a point de transformation sans combustion, comme point de combustion sans transformation.

Je dis que, par combustion, tous les principes qu'on appelle encore éléments, parce qu'on n'a pu les décomposer, se transforment des uns aux autres, c'est-à-dire que l'un peut devenir l'autre, que, par exemple, l'oxygène peut devenir hydrogène, l'hydrogène oxygène, le métal devenir carbone, le carbone métal, etc. ; qu'enfin, de tous les principes connus, dits éléments, au nombre d'une cinquantaine, chacun peut être transformé en un autre, et successivement encore en un autre, enfin en tous, n'importe lequel.

L'univers, c'est le dieu Protée.

On ne peut plus, au reste, croire que les principes des chimistes, dits éléments, soient indécomposables. L'hydrogène et l'azote sont considérés par M. Davy, chimiste anglais, comme des oxydes différents du même métal, qu'il nomme *ammonium*, c'est-à-dire comme composés d'ammonium et d'oxygène. Berzélius indique même les proportions d'ammonium et d'oxygène qui constituent l'ammoniaque. Eh bien! je vais prouver, je crois, que l'oxygène lui-même n'est pas un corps simple; je le prouve par la réfrangibilité : le fluide atomique n'en a aucune; le fluide igné le traverse sans aucune réfraction et n'en éprouve que dans sa rencontre avec l'atmosphère, tandis que le fluide igné est réfrangible au suprême degré, c'est-à-dire répulsif du fluide igné. L'expérience a fait connaître que l'oxygène est de tous les gaz celui qui a la moindre force de réfraction, mais il en a une, donc il renferme un peu de fluide igné; c'est seulement celui de tous les corps qui est le plus semblable au fluide atomique, donc il n'est pas élément, puisqu'il renferme les deux principes. Le gaz hydrogène, au contraire est de tous les gaz celui qui a la plus grande force de réfraction, c'est donc celui de tous qui est le plus semblable au fluide igné; mais il n'est pas entièrement répulsif, donc il renferme du fluide atomique; de plus, il a une pesanteur, donc

encore il renferme du fluide atomique. Cette observation, ajoutée aux expériences de MM. Davy et Berzélius, renforce, démontre même la vérité de leur découverte, savoir : que l'hydrogène et l'azote sont des oxydes
différents du même métal, du moins prouve que l'hydrogène et l'azote contiennent de l'oxygène ou bien du
fluide atomique ; elle explique encore par là pourquoi
l'hydrogène est quelquefois principe acidifiant et oxy-
dant. Que la chimie s'exerce toujours sur les corps
simples, elle en verra toujours diminuer le nombre.
Déjà les terres sont reconnues pour être des oxydes
métalliques et non plus des corps simples. Un jour
on verra que le carbone aussi contient de l'oxygène
ou du fluide atomique, et on aura le carbonium, et on
verra aussi que tous les métaux, dans leur état de
pureté, en contiennent déjà.

Ainsi on vérifiera la vérité de mon assertion, que
tous les corps sont composés des deux principes igné et
atomique, et qu'il n'y a qu'un élément de toutes choses :
les atomes.

Toute combustion a ses produits, son émanation ;
donc tout corps vivant a ses produits, son émanation.
La terre a son atmosphère, et tous les corps vivants
ont aussi une atmosphère. Cette émanation, cette atmosphère est une élaboration des deux fluides, est une
sécrétion ; ainsi, toute combustion est un organe sécré-
teur. Partant de là, il en résulte que nos viscères,
nos organes sécréteurs sont des êtres individuels, ayant
leur vie propre, des entités, mais soumis hiérarchique-

ment à notre être, à l'harmonie duquel ils concourent, concours d'où résulte l'unité de notre être. Il y a là parfaite analogie de notre être avec l'univers, qui est un, et dont tous organes sont cependant des entités. Il y a dans notre être, comme dans l'univers, multiplicité dans l'unité. L'unité est ce qui constitue l'être vivant. Ainsi il y a dans le corps vivant unité et multiplicité ; mais dans le corps mort l'unité n'est plus, le moi est détruit. Il reste la multiplicité, multiplicité d'êtres vivants, d'unités ou entités, qui renferment encore en eux multiplicité, et cela jusqu'à parfaite désagrégation des atomes, jusqu'à l'extinction de toute combustion. Il y a de la vie dans tous les corps. Nous avons divisé la nature en trois règnes : animal, végétal et minéral. Nous n'avons attribué la propriété de vie qu'aux deux premiers et l'avons refusée au dernier, pour n'avoir pas aperçu que le minéral était partie du globe terrestre, que nous ignorions être un corps vivant, que le minéral participe de la vie du globe ; le minéral est donc vivant aussi, et le sera aussi longtemps que la terre. C'est avec aussi peu de fondement que nous avons divisé la matière en organique et en inorganique. Dans le corps vivant, le feu circule dans tout le corps et en tous sens, ce qui constitue l'unité. Dans un corps vivant il peut y avoir plusieurs unités, disons plutôt entités ; mais pour que ces plusieurs entités constituent une unité, il faut que ces entités soient toutes en harmonie de faculté réfractive pour que toutes concordent à ne former qu'une unité. Dans le corps mort l'unité étant

détruite, il n'y a plus unité de force réfractive, il y a
multiplicité d'unités ; c'est multiplicité de combustions.
Pourquoi alors cette multiplicité de combustions tend-
elle sans cesse à désagréger, à rompre la cohésion ?
Parce qu'alors toutes ces combustions se repoussent,
jouissant toutes alors de forces réfractives différentes ;
les plus fortes détruisent les plus faibles, et toujours,
et jusqu'à la mise en liberté de tous les atomes qui com-
posaient le corps, jusqu'à l'extinction de toute combustion ; alors il n'y a plus de corps.

Toutes les fois qu'un corps passe de l'état solide à
l'état liquide et de celui-ci à l'état gazeux, c'est une
combustion, et il y a une faible absorption d'oxygène.
Ce qui fait la différence de nature des corps, c'est l'arrangement différent des atomes qui les constituent ; ainsi,
on doit aisément comprendre que les atomes de l'oxygène ou du fluide atomique qui pénétrent un corps en
combustion, prenant exactement la même place que ceux
qu'ils expulsent, doivent produire les mêmes principes ;
ainsi, si c'est du bois qui brûle, tous les principes qu'il
renferme, eau ou oxygène, hydrogène, carbone, cendre, tout est transformé en fluide igné (chaleur et
lumière), et le fluide atomique ou l'oxygène absorbé
ainsi que l'igné, qui a élevé la température pendant sa
combustion, deviennent eau, acide carbonique, etc.
Il faut observer ici que l'élévation de la température
nécessaire à la combustion d'un corps n'est autre chose
que du fluide igné qu'il absorbe, et que ce fluide
absorbé est employé, avec l'oxygène absorbé aussi, à

former les matériaux produits de la combustion du corps.
Si c'est du soufre qui brûle, le soufre devient fluide
igné, et l'oxygène absorbé devient acide sulfureux.
Mais, dira-t-on, si, d'après cette théorie, le soufre en
combustion devient fluide igné, l'oxygène qu'il absorbe
pendant sa combustion devrait devenir soufre et non
pas acide sulfureux. A quoi je réponds qu'il devient
acide sulfureux parce que le soufre est passé à l'état
gazeux, et que ce même acide sulfureux perd son
oxygène lorsqu'il passe de l'état gazeux à l'état solide.
Je dis que le soufre, dans sa combustion, absorbe beaucoup plus d'oxygène qu'il n'en rend pour passer de son
état gazeux à l'état solide; je dis que l'oxygène absorbé,
qu'on ne retrouve pas, représente le fluide igné produit
(chaleur et lumière); c'est-à-dire que le soufre qui a été
transformé en fluide igné a été remplacé par l'oxygène
absorbé et transformé en soufre et en même quantité,
et que le surplus d'oxygène absorbé l'est parce que le
corps passe à l'état gazeux. Même dans la sublimation
du soufre, le soufre passe à l'état d'acide sulfureux
faible ou bien protoxyde de soufre, et il perd l'oxygène
en se condensant. Il y a une combustion, la plus forte et
la plus rapide possible, et une combustion la plus faible
et la plus lente, et entre ces deux extrêmes une échelle
de gradation immense. La combustion la plus forte est
celle du soleil; entre les plus faibles on peut entre autres
placer l'évaporation, la dissolution, la vaporisation;
entre les plus rapides, celle de la foudre; entre les plus
lentes, je citerai entre autres l'oxydation des métaux,
la vie végétale ou animale.

Dans un corps en combustion, la chaleur produite vient de la transformation de toutes ses parties en fluide igné. L'oxygène, s'introduisant dans le corps, y trace une courbe, déplace des atomes et se fixe à leur place; ces atomes déplacés se répandent hors du corps en fluide igné. L'opération continuant, tout le corps entier est transformé et répandu hors de lui en fluide igné, même l'oxygène qui s'y est introduit, et le corps est détruit; il n'en reste que la cendre, qui n'est pas convertie en fluide igné, parce que la cendre est de la terre atténuée que le corps avait puisée dans la terre. La cendre appartient donc à la vitalité du globe, et ne sera détruite et transformée qu'avec le globe terrestre. Tout corps en combustion finit par se détruire en plus ou moins de temps. Pourquoi? Parce que dans tout corps en combustion il arrive le moment de la plus grande activité; il commence alors à émettre un peu plus de fluide qu'il n'en absorbe, et, cela continuant, sa propre substance va toujours en diminuant, se répandant hors de lui en fluide igné; il finit donc par se détruire. Cela est fort à remarquer, et d'autant plus que c'est là le secret de la vicissitude de mort et de vie dans l'univers.

Cela se passe comme il suit.

Commençons par les corps célestes, qui prennent tous naissance dans la voie lactée, qui ne sont tous qu'un globule igné solaire fécondé, lequel, pendant très longtemps, prend son accroissement en absorbant plus de fluide atomique qu'il n'émet de fluide igné. Lorsqu'il a atteint tout son accroissement, il émet alors autant de fluide igné qu'il absorbe de fluide atomique; mais, après un très long temps d'existence, il arrive le temps où, par un effort d'activité vitale, ce corps céleste émet plus de fluide igné qu'il n'absorbe de fluide atomique, et cela se fait aux dépens de sa propre substance, qui dès lors commence à diminuer. Cet effort continue, nécessité qu'il est par l'affaiblissement des organes qu'amène la vieillesse de ce corps. Il en résulte la continuation de la perte de sa substance peu à peu, mais jusqu'à perte totale de toute sa substance; alors il y a extinction totale et forcée de cette combustion et disparition de l'astre et de tout son cortége de planètes. Car le soleil et les planètes sont un être individuel, un et multiple; ils vivent chacun de sa vie propre, mais harmoniquement et en dépendance les uns des autres; ils commencent ensemble, ils finiront ensemble, ce que je développerai plus amplement ailleurs.

Cela n'empêche pas d'être vrai ce que j'ai dit, qu'il y avait toujours dans l'univers égalité de fluide atomique et de fluide igné, autant de l'un que de l'autre, parce que si individuellement un astre, dans ses commencements, émet moins de fluide igné qu'il n'absorbe de fluide atomique, individuellement aussi un autre astre, marchant lentement à son déclin, émet, lui, beaucoup plus de fluide igné qu'il n'absorbe de fluide atomique, ce qui rétablit l'équilibre. Cet équilibre, d'ailleurs, ne peut jamais manquer d'être parfait dans l'univers, puisque ces deux fluides sont toujours le produit l'un de l'autre. Cela se passe ainsi dans toute combustion quelconque et dans tout l'univers, ainsi que sur la terre que nous habitons.

Il y a dans la combustion trois époques : 1° celle où, en commençant, elle absorbe beaucoup plus ou de fluide atomique ou d'oxygène qu'elle n'émet de fluide igné : époque d'accroissement ; 2° celle où il y a égalité de fluide absorbé et de fluide émis : époque de la perfection du corps ; 3° celle où il émet autour de lui beaucoup plus de fluide igné qu'il n'absorbe de fluide atomique ou d'oxygène : époque de perte graduelle et continuelle de substance ; époque de déclin, de marche lente, continuelle et graduelle à l'extinction de sa combustion.

Quant à la durée de chacune de ces époques de la combustion, on ne peut rien dire de général à cet égard, parce que cela dépend de la nature de la combustion, et varie dans toutes, la combustion étant une et multiple. Dans chaque nature de combustion, la durée proportionnelle de chacune de ces trois époques est différente.

Tout cela s'opère ainsi pour l'exécution rigoureuse de l'inflexible loi du mouvement général de l'univers.

Je dois dire aussi, pour finir ce chapitre sur la combustion, que la loi qui régit les combustions est aussi celle qui régit ce qu'on appelle les attractions moléculaires, autrement dire, celle qui régit les affinités chimiques.

Beaucoup de savants chimistes veulent croire que les affinités chimiques sont dues à la même loi de gravitation universelle qu'on appelle encore l'attraction universelle (et que je prouve ne pas provenir d'attraction, mais être due à la poussée du fluide atomique, fluide inconnu jusqu'à moi); beaucoup d'autres ont vu que les affinités chimiques dérogent à cette loi, et ont raison. On en est donc encore à chercher à quoi, à quelles lois il faut attribuer l'attraction moléculaire ou les affinités chimiques. Cela a donné lieu et le donne encore à beaucoup de recherches, d'expériences, de débats, sans aboutir à rien de bon. Je dis donc, pour y mettre fin, que la loi sur les combustions est celle qui régit les affinités chimiques.

Les combustions, ai-je dit, sont les moyens employés par la nature pour que tous les atomes engagés dans les corps parcourent toujours l'espace avec la même vitesse absolue, la seule vitesse possible dans l'univers, toujours la même. Ils parcourent donc l'espace, dans la combustion des corps, par toutes sortes de lignes courbes de différentes natures; c'est un fil qui se pelotonne de toutes sortes de manières. Aussi les combustions des corps sont, comme les affinités chimiques, excessivement diversifiées.

La lecture attentive de mon chapitre sur la combustion donnera la conviction entière de ce que j'avance.

DU SOLEIL.

De la voie lactée. — Génération des étoiles et planètes, par tourbillons,
et des comètes, de la terre, planète que nous habitons. — De l'air. —
Du fluide magnétique. — Du grand être vaporeux, ou ensemble de tous
les nuages. — Génération des nuages. — De l'eau, cadavre des nuages. —
Son renouvellement continuel, ainsi que celui de l'air. — Cause des
vents. — Cause de la grêle et des pluies. — Des orages, et cause de la
salure de l'eau des mers.

DU SOLEIL.

J'ai à donner des explications sur ce que j'ai dit
de la transformation du fluide atomique dans le soleil; voyons comment cela se pratique. Le soleil
transforme bien en fluide igné tout le fluide atomique
qui afflue continuellement sur toute sa surface, mais
pas tout de suite et pas à mesure qu'il y arrive.

Le soleil a aussi deux pôles, qui sont deux grandes
cavités, livrant entrée au fluide atomique qui s'y précipite, et qui va, sans déviation, jusqu'au centre du soleil.
Là, arrivant des deux pôles opposés, il y a rencontre
et changement de direction de sa ligne droite ; il reçoit
là le mouvement de circonvolution qui le combine et

qui opère sa transformation en fluide igné. Ce fluide igné est d'abord son sang, se répand dans toutes ses parties, y entretient la vie. Le fluide atomique, qui pénètre sur la surface du soleil ailleurs que par les pôles, n'est pas transformé si vite en fluide igné pur; il ne reçoit, en y pénétrant, qu'un commencement de transformation, parce qu'en pénétrant sur la surface il éprouve une résistance qui le dévie un peu de sa ligne droite et il reçoit, en pénétrant peu à peu plus profondément dans l'intérieur du soleil, une augmentation de transformation; il pénètre dans le soleil, s'y combine avec la propre substance solaire, et la maintient toujours la même, la renouvelle toujours la même.

Comme cet afflux du fluide atomique sur tous les points de toute la surface du soleil est continuel, la surface du soleil ou plutôt le soleil augmenterait continuellement sa masse, s'il n'émettait continuellement aussi du fluide igné en quantité pareille au fluide atomique qu'il reçoit.

Le fluide atomique, qui lui arrive par ses deux pôles, l'entretient comme la respiration nous entretient. Le fluide igné qu'il émet est composé 1° du fluide entré par ses pôles, 2° de celui qu'il a reçu sur tous les points de sa surface, ce qui forme un fluide homogène, le fluide igné.

Ainsi, il émet, comme je l'ai déjà dit, sans cesse sa propre substance, et en même quantité de fluide igné qu'il reçoit de fluide atomique. Il émet le fluide igné aussi par ses pôles, mais par des ouvertures autres que celles qui donnent l'entrée de respiration au fluide atomique.

Ce fluide igné, sortant du soleil, est doué de la plus forte élasticité, élasticité qui le force à se répandre sur toute la surface du soleil, et il y forme son atmosphère, atmosphère sans cesse augmentée par la constante émission de fluide igné; par conséquent cette atmosphère s'élève constamment, et, à une certaine distance, il prend son départ et se répand dans l'espace en rayons divergents pour s'aller dissoudre à d'immenses distances et redevenir fluide atomique.

Les astronomes ont remarqué souvent de grandes taches noires sur le soleil, taches noires qui restent souvent assez longtemps, puisque ce sont elles qui ont fait découvrir le mouvement de rotation sur lui-même qu'a le soleil.

Ces taches noires sont d'immenses afflux de fluide atomique qui trouvent de la résistance à son introduction dans le corps du soleil et qui y stationnent, mais qui n'y peuvent pas stationner sans un grand mouvement dans cette masse; la loi du mouvement le démontre. Cette masse participe aussi au mouvement de rotation du soleil sur lui-même. Ainsi, ces divers mouvements font déjà un commencement de transformation du fluide atomique, qui n'y est déjà plus d'un noir absolu.

On voit de ces taches tantôt dans telle place, tantôt dans telle autre du soleil, parce que, tantôt la surface du soleil oppose de la résistance à l'introduction du fluide atomique, tantôt n'y en oppose point, et la résistance

existe tantôt ici, tantôt là, c'est-à-dire varie de place;
cela prouve que la surface du soleil est tantôt plus dure,
tantôt plus molle, tantôt ici, tantôt là.

Cela se conçoit aisément en pensant au grand mouvement intestin continuel du soleil, qui travaille toute
sa substance, jusqu'au sol de sa surface, en opérant la
transformation du fluide atomique, en émettant sans
cesse le fluide igné, lequel n'est autre que sa propre
substance qui se renouvelle toujours.

Si ce n'est pas cela, qu'on explique donc ce que
sont ces taches noires sur le soleil, qu'on l'explique;
quant à moi, j'en ai donné la vraie explication; cela
seul démontre la vérité de mon système du monde.

Autre remarque. Le soleil, ne recevant absolument
que du fluide atomique, qu'il transforme en sa propre
substance, et puis sa substance en fluide igné, ne peut
avoir en lui aucun autre corps, ni dans son intérieur,
ni sur sa surface.

Il ne peut s'y former aucun autre corps, comme il y
en a tant sur la terre. Ainsi, le soleil est parfaitement *un*.

Pourquoi le soleil ne reçoit-il absolument que du
fluide atomique? C'est parce que le fluide igné est répulsif du fluide igné, comme je l'ai déjà dit. Et pourquoi donc cette répulsion? Parce qu'un globule igné
ne peut absorber un globule igné à lui semblable.

Ainsi, il y a dans la nature, dans l'univers, des répulsions et point d'attractions.

Ces répulsions n'en sont même pas; ce sont tout
simplement des impossibilités.

La durée générale de toute combustion, ai-je dit, renferme trois époques ; mais on ne peut rien dire de général sur la durée relative de chacune de ces époques, parce que cela varie dans chaque nature de combustion , dans chacune cela est différent; et comme la combustion est une et multiple, on ne peut donc rien dire de général à cet égard. On ne peut qu'étudier particulièrement telle ou telle autre nature de combustion et connaître cela dans celles qu'on a étudiées et observées.

Le soleil est dans sa combustion, comme toutes le sont, soumis à trois époques pour sa durée ; la longueur de la durée générale du soleil ne peut pas être connue, de même que la durée relative de chacune de ces époques ne peut l'être non plus.

Seulement, je crois qu'on peut assurer qu'il a passé la première époque, celle d'accroissement ; mais on ne peut savoir s'il est dans la seconde ou la troisième.

Comme la durée de chacune de ces époques pour tous les astres est immense, excessive, cette connaissance-là nous importe peu.

VOIE LACTÉE.

Parlons à présent de ces immenses taches blanches qu'on voit la nuit dans le ciel et connues sous le nom de *voie lactée*, de son immense importance, de ses admirables fonctions.

Ses fonctions sont pour le renouvellement et l'entretien de tous les corps célestes.

Cette immense ligne blanche, immense en longueur comme en largeur, et formée en divers groupes de taches blanches, est une accumulation de fluide igné formée par la rencontre d'une immense quantité de rayons ignés qui s'interceptent et font là une petite station. Or, comme la station pure et simple leur est impossible, défendue qu'elle est par la loi du mouvement, ces globules ignés de la voie lactée ralentissent alors la vitesse de leur mouvement de rotation sur eux-mêmes, d'où il résulte une plus grande action, une plus grande transformation de fluide atomique, effet certain et prouvé par la plus grande clarté que nous apercevons la nuit en cet endroit du ciel ; plus grande en effet, puisque tous les rayons ignés sont moins apparents dans le reste du ciel, et que nous savons bien qu'ils y ont cependant un rayonnement, une émission de fluide igné, chose que j'ai déjà expliquée et démontrée quand j'ai dit que sans cela nous verrions la nuit un ciel tout noir, parsemé d'étoiles, et non un ciel bleu.

Maintenant, vu que, malgré le ralentissement de leur vitesse de rotation, malgré cette ressource qu'ils emploient, cette station ne peut être que très courte, parce qu'ils périraient par un effort trop grand, ces mêmes globules de la voie lactée sont sans cesse dispersés et remplacés par d'autres, fournis par les mêmes rayons qui les avaient apportés.

Ainsi, la voie lactée est sans cesse renouvelée et toujours existante, et ne pourrait absolument pas exister sans ce continuel renouvellement ; nous la voyons toujours la même, sans nous douter de ce continuel renouvellement, vu qu'il ne peut être connu que par la démonstration que nous en donne la loi inflexible du mouvement, à nous jusqu'ici inconnue.

Passons à ses fonctions, à son utilité.

C'est la matrice qui renferme en germe tous les corps célestes à venir dans notre firmament ; c'est la mère qui porte dans ses entrailles tous les fœtus de corps célestes destinés à croître et à remplacer les corps célestes qui périssent par la vétusté, par l'extinction de leur combustion.

Là, dans cet immense rassemblement de globules ignés et dans l'augmentation d'activité dont je viens de parler, augmentation d'activité provenant de la diminution de vitesse de leur mouvement de rotation, il arrive que quelques uns de ces globules sont forcés de changer et varier leur mouvement et l'inclinaison de leurs pôles, et que, par cela, il se fait qu'ils perçoivent un peu plus de fluide atomique qu'ils n'en peuvent transformer immédiatement.

Dès lors, il se fait tout de suite une petite augmentation de leur masse.

C'est une fécondation ; les voilà dès lors devenus embryons de corps célestes.

Ceux-là ne sont pas dispersés et remplacés comme ceux qui n'ont pas reçu de fécondation ; ils persistent dans leur station en la voie lactée, en variant leurs mouvements de manière à ce que cela soit possible. Ils acquièrent là, pendant un très long séjour, beaucoup de force, beaucoup d'augmentation de leur masse.

Mais ensuite ils prennent leur départ pour aller parcourir l'espace : les uns, embryons d'étoiles ou soleils ; d'autres, embryons de planètes ; d'autres, embryons de comètes.

Ils ne partent pas isolément, mais par groupes de plusieurs astres. Chacun de ces groupes forme une nébuleuse, et chaque étoile dite nébuleuse est un tourbillon renfermant un soleil et ses planètes.

On pense encore que la voie lactée est une immense agglomération d'étoiles ; on dit même y voir des noyaux d'étoiles qui se forment, ce qui est vrai ; mais, attendu la fixité ordinaire des étoiles, immobilles dans le lieu du ciel qu'elles occupent, on croit qu'elles restent et resteront là : comme si les étoiles pouvaient être les unes sur les autres et si rapprochées ! comme s'il ne fallait pas, de toute nécessité, un certain éloignement entre elles pour pouvoir fonctionner !

C'est là une opinion erronée. On voit certainement des étoiles dans la voie lactée, mais ce sont des étoiles qu'on voit à travers la voie lactée, qui n'y sont pas, qui sont beaucoup au-delà. Quant à l'opinion qui croit que toute la voie lactée n'est qu'un immense amas d'étoiles, le bon sens seul la repousse.

Qu'on se rappelle que j'ai dit que, si la masse et le diamètre de la terre augmentaient, cette masse arriverait à un point où la terre deviendrait un soleil, mais qu'il faudrait pour cela qu'elle émît nécessairement moins de fluide qu'elle n'en reçoit et qu'elle ralentît sa marche. Eh bien ! ces embryons d'étoiles, formés dans la voie lactée, reçoivent plus de fluide qu'ils n'en émettent, reçoivent, par conséquent, de l'accroissement, et, pour parvenir à accomplir la destinée que l'esprit (l'espace) leur donne, il faut qu'ils prennent leur départ afin d'obéir à la loi du mouvement.

Ils parcourent donc l'espace avec une vitesse calculée sur le rôle qu'ils ont à remplir. Ainsi, ces noyaux ou embryons d'étoiles fixes et de planètes prennent leur route dans l'espace et vont à l'emplacement qui leur est destiné, acquérant sans cesse de l'accroissement, et ils ne sont pas visibles pendant leur voyage, parce qu'ils n'ont pas d'émission de rayons ignés, lumineux, tant qu'ils n'ont pas acquis tout leur accroissement. Avant leur départ, ils n'avaient qu'un mouvement tel quel de rotation sur eux-mêmes, par conséquent, le fluide émis par eux était du fluide igné, et c'est pourquoi on voyait des noyaux d'étoiles se former dans la voie lactée ; mais à leur départ ils ont deux mouvements, rotation et translation ou locomotion. De ces deux mouvements il résulte qu'ils n'émettent plus en voyageant du fluide igné, mais émettent un fluide mixte, non lumineux, par conséquent, on ne peut pas les voir voyager. Arrivés à la place qu'ils doivent occuper tout le temps de leur existence, ils n'ont plus que le mouvement de rotation ; par conséquent, émission de fluide igné ; par conséquent encore, ils deviennent visibles dans leur petit nuage lumineux pâle. C'est alors que les astronomes commencent à les apercevoir ; c'est ce qu'on connaît sous le nom d'*étoiles nébuleuses*. Elles sont vues très longtemps ainsi, comme étoiles nébuleuses.

Tant que ces astres continuent à prendre de l'accroissement, c'est qu'ils émettent moins de fluide qu'ils n'en absorbent.

Ils sont dans la première époque de leur combustion, l'époque d'accroissement. On se rappelle que j'ai dit que chaque combustion renferme, dans sa durée entière, trois époques différentes. A cette première époque de leur combustion, époque d'accroissement, ces

astres nouveaux ont des variations dans leurs mouvements, de manière à n'en éprouver qu'un seul, et non
deux à la fois, si ce n'est dans leur voyage, où ils en
ont deux, rotation et locomotion; par conséquent, point
d'émission de fluide lumineux. Ainsi, tant qu'ils sont
encore dans la voie lactée, ils n'ont qu'un mouvement
de rotation sur eux-mêmes, tel quel. Quand, au contraire, ils prennent leur départ de la voie lactée pour
aller dans le lieu de l'espace qu'ils sont destinés à occuper tout le temps de leur existence, alors le mouvement
de rotation sur eux-mêmes existe avec le mouvement
de locomotion dans l'espace.

Lorsqu'ils sont arrivés au lieu de leur destination,
qu'ils sont fixes dans l'espace, que le mouvement de locomotion cesse, ils n'ont plus alors que le mouvement
de rotation sur eux-mêmes, qui existe longtemps ainsi,
qui existe tant qu'ils ont l'apparence d'une étoile nébuleuse, et ils existent ainsi jusqu'à ce qu'ils aient acquis
tout leur accroissement.

Alors le roi du tourbillon, le soleil, fixe dans la place
qu'il occupe, n'a qu'un mouvement tel quel de rotation
sur lui-même; il est une étoile, un soleil; il fonctionne.
Les autres, ses planètes, commencent à parcourir une orbite autour de lui en continuant de tourner sur leur axe;
elles ont alors deux natures de mouvement, et même
trois, en y ajoutant le mouvement d'inclinaison de
l'écliptique; alors elles ne transforment plus le fluide atomique en fluide igné pur, mais en un fluide mixte. Le
fluide igné qu'elles produisaient avant de parcourir une

orbite les tenait dans l'incandescence ignée la plus forte ;
elles étaient alors en fusion, et c'est à partir du moment
où elles ont parcouru leur orbite dans l'espace que le
refroidissement pour elles a commencé.

Les corps célestes sont comme les autres corps : ils
ont leur enfance, leur jeunesse, âge mûr, vieillesse et
mort ; et toutes ces époques de leur existence durent des
centaines et des milliers de siècles. Ces astres naissants
quittent la voie lactée et vont dans l'espace par groupes
de petites étoiles, par tourbillons, c'est-à-dire que chaque
groupe est composé d'une certaine quantité de petites
étoiles qui deviendront un tourbillon où il y aura un
soleil et des planètes ; mais tout cela mettra des centaines
de siècles à s'accomplir. Ces groupes de petites étoiles
se répandent en diverses parties de l'espace, c'est ce que
les astronomes appellent des nébuleuses ; on en voit
un très grand nombre. Herschell écrivait, en 1785,
qu'il en avait vu plus de mille. Il y en a de divers âges :
la preuve, c'est qu'on en voit qui ne paraissent être
qu'un petit nuage lumineux, et qu'on en voit d'autres
où on peut compter de petites étoiles. Il y en a où on en
compte sept ; dans d'autres on en voit jusqu'à trente-
six. Herschell a vu dans presque toutes les nébuleuses
une quantité de petites étoiles.

Je dis donc, j'affirme que chacune de ces nébuleuses
deviendra un tourbillon ayant un soleil et des planètes.
On pourrait me dire que les planètes n'étant pas lumineuses par elles-mêmes, on ne devrait voir dans chaque
nébuleuse qu'une étoile, et que, puisqu'on y en voit

davantage, par la même je suis taxé d'erreur ; mais on oublierait que dans ces nébuleuses toutes les étoiles ne diffèrent pas encore entre elles, parce qu'elles ont toutes le même mouvement d'enfance des astres ; elles n'ont encore qu'un mouvement de rotation sur elles-mêmes , elles n'ont pas encore le mouvement de locomotion dans l'espace en parcourant une orbite, ce qui fait qu'elles n'ont encore qu'un mouvement et que par là elles émettent toutes du fluide igné, ce qui les rend visibles , ce qui fait qu'on peut compter plusieurs étoiles dans chaque nébuleuse.

Lorsque les étoiles qui composent une nébuleuse auront passé leur temps d'enfance, auront acquis tout leur accroissement, alors le roi du tourbillon , le soleil , occupera le centre , et là, immobile , continuera son seul mouvement de rotation sur lui-même ; les autres , ses planètes , cesseront alors d'émettre un fluide lumineux igné, parce qu'elles prendront alors deux mouvements, un annuel autour de leur soleil , un autre de rotation sur elles-mêmes, plus ou moins long, suivant leur distance du soleil, et aussi un mouvement d'inclinaison de leur écliptique. C'est alors que, par l'effet naturel de ces mouvements, elles n'émettront qu'un fluide mixte et ne seront plus lumineuses par elles-mêmes. Cela répond à l'erreur dont on me taxait tout-à-l'heure.

Je dis donc et fais remarquer que jusqu'à ce que ces corps célestes aient pris tout leur accroissement , aient passé la première période de la combustion, la période d'accroissement, ils n'avaient tous qu'un mouvement de rotation sur eux-mêmes, qu'un seul mouvement, et que, par conséquent, ils avaient tous une émission de fluide igné, une atmosphère ignée, en sorte qu'ils étaient visibles dans la nébuleuse.

Ils ne perdent cette atmosphère ignée que lorsqu'ils prennent le mouvement locomotif annuel pour parcourir une orbite autour de leur étoile (soleil), mouvement locomotif uni au mouvement de rotation qu'ils avaient déjà. Ce sont ces deux mouvements réunis qui font qu'ils ne peuvent plus émettre de fluide igné, mais un fluide mixte, non lumineux. J'invite les astronomes à faire des observations opiniâtres sur les nébuleuses ; ils y verront arriver des changements, ceux dont je parle, cela est indubitable, car ce que j'en dis est la vérité pure.

De là je conclus que la terre, la planète que nous habitons, a eu aussi, dans son *primordium*, une atmosphère ignée. Tous les géologues s'accordent, en effet, à dire que la terre a été dans un état d'incandescence complète, qu'elle était alors tout-à-fait en fusion ; cela, je le crois, j'en suis intimement persuadé.

Ce fait est le même pour toutes les planètes, qu'on a reconnu être toutes, comme la terre, un sphéroïde légèrement aplati sur les pôles, forme qu'elles n'ont pu prendre que parce qu'elles étaient toutes en état de fusion, ce que nous voyons arriver de même dans toutes les nébuleuses, puisque dans chaque nébuleuse nous voyons plusieurs étoiles ; preuve qu'elles répandent toutes la lumière par elles-mêmes, parce qu'elles n'ont alors qu'un seul mouvement ; preuve que toutes, avant d'être planétes, ont eu ou auront une atmosphère ignée , et sont ou seront en fusion , alors prendront leur forme de sphéroïde aplati , et puis prendront les divers mouvements qu'elles doivent conserver définitivement.

Alors elles n'auront plus une atmosphère ignée , mais émettront un fluide mixte , et se refroidiront , et deviendront planètes accomplies , après diverses métamorphoses, enfin tout comme a fait la terre, planète que nous habitons , si cependant elles ont les eaux comme la terre, car toutes ne les ont pas, témoin la lune.

Les comètes prennent aussi naissance dans la voie lactée ; elles sont aussi un globule igné qui y a été fécondé et qui est resté dans la voie lactée plus longtemps que les nébuleuses , ayant un mouvement de rotation sur lui-même , et qui y reste jusqu'à ce qu'il ait acquis tout son accroissement.

Alors les comètes prennent leur départ isolément , et à leur départ leur mouvement de rotation s'arrête , comme tous les corps célestes dans leur enfance ; leur mouvement varie jusqu'à ce qu'ils aient atteint la seconde époque de la combustion.

Au départ des comètes de la voie lactée , leur mouvement de rotation s'arrête , et pour toujours , remplacé qu'il est par le mouvement de locomotion dans l'espace.

Ainsi , comme le soleil elles n'ont qu'un seul mouvement ; comme lui , elles émettent du fluide igné ; leur mouvement de locomotion dans l'espace équivaut au mouvement de rotation du soleil sur lui-même.

La comète est un soleil ambulant destiné à porter du fluide igné dans des espaces très éloignés, où sont des corps célestes qui ne reçoivent le fluide igné solaire que trop affaibli.

Elles parcourent pour cela les plus immenses orbites, orbites qu'on croit même embrasser plusieurs tourbillons ; non toutes, mais quelques unes. Elles ne reçoivent, comme le soleil, qu'un seul fluide, l'atomique. Lors même qu'elles sont près du soleil, les deux fluides ignés, celui du soleil et celui de la comète, se repoussent et n'abordent point à l'un ni à l'autre. C'est une grande erreur de croire que les comètes ne sont pas lumineuses par elles-mêmes, qu'elles ne reçoivent la lumière qu'elles nous montrent que du soleil qui nous éclaire. Cela n'est pas ; elles nous réfléchiraient alors la lumière du soleil comme le font les planètes, et non pas en nous montrant une longue queue de feu, qui va toujours en fuyant le soleil, se montrant toujours du côté qui ne voit pas le soleil. D'ailleurs, la comète doit émettre du fluide igné, avoir une atmosphère ignée, par la raison qu'elle n'a pas un mouvement de rotation sur elle-même, mais qu'elle a seulement un mouvement de locomotion dans l'espace, qui équivaut au mouvement du soleil de rotation sur lui-même ; seulement la transformation du fluide atomique est un peu différente, car la lumière des comètes apparaît plus rouge.

La production du feu provient toujours, comme je l'ai dit, de la nature du mouvement. Si ce que je dis des comètes n'était pas, les verrait-on tantôt chevelues, tantôt barbues, et tantôt seulement avec une longue traînée de feu qu'elles traînent après elles, et qu'on nomme leur queue? Si leur lumière ne nous venait que du soleil, pourquoi ne nous la réfléchiraient-elles pas comme le font les planètes? Tout ce que j'en dis est conforme à loi du mouvement, qui nous le prouve.

On conçoit, par là, comment la terre a pu jadis être en incandescence ignée complète, en état de fusion, de liquidité ignée, ainsi que le reconnaissent tous les *géologues*, sans en connaître la cause, qu'ils n'ont su attribuer qu'au soleil, sans savoir comment cela avait pu se faire. Cet embarras avait fait paraître toutes sortes de systèmes, entre autres celui de Buffon, qui dans son temps a eu un grand retentissement.

Ainsi, le soleil et toutes les planètes, et la terre que nous habitons, ont été, dans leur *initium* et longtemps, dans un état d'incandescence, d'ignition, c'est-à-dire produisaient le feu comme les comètes, mais en différaient en ce qu'elles n'avaient alors qu'un mouvement de rotation sans locomotion, tandis que les comètes ont un mouvement de locomotion sans rotation.

Ainsi encore, le soleil et toutes ses planètes ont été, dans leurs commencements et longtemps, comme les les moutons dans la bergerie, *sicut agni ovium*, quand le tourbillon n'était encore qu'une nébuleuse, ont été tous dans le même nid, absolument comme les œufs dans le nid d'un oiseau.

Les astronomes disent, avec raison, que les nébuleuses sont des étoiles fixes entourées d'un petit nuage lumineux, disent avec raison qu'elles sont de la même nature que la voie lactée ; mais ce qu'ils ne disent pas, parce qu'ils ne le savent pas, c'est qu'elles sont parties de la voie lactée pour arriver à la place qu'elles occupent.

Ils n'ont pas pu le voir, parce que ces nébuleuses, en partant de la voie lactée, et dans leur trajet voyageur, n'émettaient point de fluide igné lumineux, dans le but, voulu par la nature, qu'elles prissent beaucoup d'accroissement avant d'arriver à leur résidence ; ainsi, on ne peut pas les voir voyager.

Les astronomes découvrent quelquefois de nouvelles nébuleuses et pensent qu'elles avaient jusqu'à ce jour échappé à leurs recherches ; mais ce n'est pas cela : c'est qu'auparavant elles n'y étaient pas encore. Ils ne ne peuvent pas les voir voyager. On ne peut voir voyager dans l'espace que nos planètes, éclairées sans cesse par le soleil ; celles des autres étoiles sont dans un trop grand éloignement.

Voilà la nature, les fonctions, l'utilité de la voie lactée.

Elle est la mère de toutes les étoiles, planètes et comètes qui existent dans le firmament.

Car elle a été, a fonctionné ainsi de toute éternité, et fonctionne et fonctionnera de même pendant l'éternité, de même qu'elle doit aussi son existence éternelle aux fluides émis par tous ces astres, échange éternel de bons offices entre tous les corps célestes.

La voie lactée est comme le phénix :

Ipsa sibi proles, suus est pater et suus hæres ;
Nutrix ipsa sui, semper alumna sibi.

(Lactantius.)

Les anciens ont dit : « C'est du lait de Junon, la reine des dieux. » Eh bien ! c'est en effet la nourrice des astres, c'est la matrice où ils prennent tous naissance.

C'est l'*officina cœlestium*.

Je le dis parce que cela est. Ma découverte resplendira un jour de tout l'éclat de la vérité.

J'ajoute, ce qui se comprendra facilement, ce qu'il est presque inutile de dire, que la voie lactée a bien donné la naissance à tous les corps célestes qui sont dans le firmament, mais non à tous ceux qui existent dans l'infinité de l'espace, car ce n'est pas possible, tout le firmament que nous voyons n'étant, relativement à l'infinité de l'espace, qu'un grain de sable. Ainsi, il y a, dans l'infinité de l'espace, une infinité de voies lactées.

L'erreur dure longtemps dans l'esprit humain, je le sais ; mais aussi il est de l'essence de la vérité de la détruire enfin et de durer toujours, parce que l'erreur est variable, la vérité ne l'est pas.

Que les savants cessent donc de croire que la voie lactée n'est qu'un immense amas d'étoiles. Pourraient-elles donc fonctionner les unes sur les autres ? Les unes ne recevraient point de fluide atomique, d'autres en recevraient trop. Qu'ils cessent donc de croire aussi que ces étoiles puissent prendre naissance et accroissement en restant ainsi, dès leur naissance, dans le même lieu. La loi du mouvement (qu'ils y réfléchissent) s'y oppose. Un corps comme le soleil, fixe dans l'espace, doit transformer et transforme en fluide igné autant de fluide atomique qu'il en reçoit. Pour cela il lui faut une grande force d'organes qu'un astre naissant ne peut avoir ; il faut qu'il ait acquis tout son accroissement, car il ne peut plus acquérir d'accroissement quand il émet autant de matière qu'il en reçoit.

Pour qu'un astre naissant puisse prendre de l'accroissement, il faut donc, de toute nécessité, qu'après avoir pris déjà beaucoup d'accroissement dans la voie lactée, il prenne son départ ; il faut donc qu'il ait un mouvement de locomotion dans l'espace, afin que, par ces deux mouvements réunis, il puisse émettre moins de fluide igné qu'il ne reçoit de fluide atomique. Pendant son voyage dans l'espace, le peu de fluide qu'il émet n'est même pas du fluide igné lumineux, ne peut être qu'un fluide mixte, par conséquent non lumineux ; aussi on ne peut les apercevoir. Dans leur trajet voyageur, ces astres nouveaux ont deux mouvements, rotation et locomotion, comme les planètes actuellement ; par cette raison, de même que les planètes, elles ne peuvent émettre un fluide lumineux, donc elles ne peuvent être visibles.

Si cet astre restait fixe dans l'espace, son mouvement intérieur serait trop fort ; il devrait transformer en fluide igné tout le fluide atomique qu'il recevrait, et ne le pouvant pas, faute de forces, il périrait ; il ne pourrait plus aussi prendre d'accroissement.

Il faut absolument, dans sa jeunesse, que l'astre varie ses mouvements, ainsi que je viens de l'établir ; le soleil lui-même alors varie la vitesse de son mouvement de rotation suivant ses besoins d'accroissement.

J'ai suffisament justifié tout ce que j'ai avancé de la formation des corps célestes dans la voie lactée et de leur locomotion. Arrivons à parler de la terre , planète que nous habitons.

DE LA TERRE.

La terre que nous habitons tire donc son origine de la voie lactée , ainsi que le soleil et autres étoiles , et que toutes les autres planètes et aussi les comètes.

Elle a deux pôles , le boréal et l'austral. Ces deux pôles sont deux vastes cavités , par où pénètre le fluide atomique qu'elle respire, et qui entretient sa vie comme l'air que nous respirons entretient la nôtre ; il entretient, par conséquent, sa chaleur interne, vitale. Quoique le fluide atomique soit le froid absolu , j'ai assez dit précédemment comment le froid devient feu pour qu'on me comprenne , sans que j'aie besoin de le répéter. J'ai dit aussi que le feu , que la combustion seule organise ; ainsi, ce feu intérieur du globe organise son intérieur, qu'il dispose, qu'il a disposé en organes propres à accomplir toutes ses fonctions vitales. Dans ces ces deux pôles (vastes cavités) sans cesse aussi s'écoulent, se précipitent les eaux des mers dans l'intérieur du globe, lui servant de nourriture. Dans cet intérieur (poumons, estomac, viscères quelconques), tout cela s'élabore, se digère, se décompose, et devient air atmosphérique, que le globe émet par ses pôles aussi.

Cette assertion toute nouvelle de la précipitation graduelle de l'eau des mers dans l'intérieur du globe, je ne la fais pas légèrement, je dois la prouver.

On sait que les mers ne subissent pas d'augmentation, malgré l'apport continuel et immense d'eaux qu'elles reçoivent de tous les fleuves, rivières, ruisseaux, torrents, qui ne font que les entretenir sans les augmenter.

On croit répondre à cela victorieusement en disant que cet équilibre est établi par l'évaporation continuelle de l'eau des mers, eau qui remonte sans cesse dans l'atmosphère ; mais cette évaporation est sans cesse annulée par les pluies et rosées qui tombent dans les mers. Cette cause ne suffit donc pas.

On pense donc alors que la masse des eaux, tant de l'asmosphère que des eaux terrestres et marines, est toujours la même, tombant toujours en pluie et remontant par l'évaporation. Opinion fausse, puisque je vais prouver que l'eau se génère sans cesse, se renouvelle sans cesse, et cela par les éclairs de chaleur qui forment des nuées, et cela pendant les chaleurs dans nos climats, pendant les grandes chaleurs qui régnent toute l'année sur le globe, dans un lieu ou dans un autre ; enfin, que des nuées nouvelles se forment tous les jours et très abondamment dans l'atmosphère , en sorte que les eaux des mers, dans lesquelles toutes les eaux sont toujours versées , devraient toujours augmenter de masse , énormément , jusqu'à couvrir les plus hautes montagnes , couvrir le globe tout entier (ce qui , au reste , a eu lieu dans un temps , suivant les observations des géologues), s'il n'y avait pas aussi une déperdition d'eau continuelle pour en maintenir la quantité , à peu près toujours la même , en sorte que l'eau se renouvelle sans cesse , de même aussi que l'air , l'atmosphère se renouvelle sans cesse.

Ainsi donc , j'établis et j'affirme que l'eau des mers se précipite dans l'intérieur du globe par les cavités de ses deux pôles , sans cesse, et en quantité simplement suffisante pour les besoins qu'en a le globe terrestre. Aux pôles existe le froid le plus intense , qui convertit une grande quantité de ces eaux en énormes glaçons , en montagnes de glace , que les navigateurs appellent *bankises*, et sans doute ces bankises , de concert avec l'ouverture telle quelle de ces cavités polaires , sont combinées pour former un continuel obstacle à ce que les eaux ne s'y précipitent trop abondamment ; ces eaux sont élaborées et décomposées dans l'intérieur du globe et converties en air atmosphérique.

Ainsi se maintient toujours la même quantité nécessaire des eaux sur la terre , toujours renouvelées , de même que l'atmosphère est aussi toujours renouvelée , toujours nouvelle.

Tout finit , tout se renouvelle , la peine ainsi que le

plaisir, ainsi que l'air ainsi que l'eau. Et l'homme ne voit pas, n'a jamais vu cela. Aveugle !

La preuve de la génération de l'eau, je vais la donner dans un chapitre sur les eaux, de même que la preuve du renouvellement de l'air, je vais la donner dans un chapitre sur l'air.

Le globe expire continuellement l'air atmosphérique qui sort par les pôles, se répand sur toute sa surface en vertu de sa qualité très élastique et s'élève à une grande hauteur. Cet air, qui éprouve aussi la résistance du fluide atomique continuellement émis, continuellement aussi s'élève jusqu'à un certain point, c'est-à-dire jusqu'à une certaine hauteur, d'où il part et se répand en rayons divergents dans l'espace, l'environnant, et va aussi se dissoudre dans un grand éloignement en fluide atomique ; ainsi, il se transforme aussi comme tous autres fluides, dans l'espace, en fluide atomique, excepté ce qui en parvient à d'autres corps célestes, à la lune d'abord et autres planètes et où il porte son influence.

La terre subit aussi les influences des fluides qu'elle reçoit des autres planètes et du grand nombre des comètes ; de là vient qu'elle a une multitude de productions. L'influence astrologique n'est point, certes, une chimère ; ce qui l'est, c'est seulement la prétendue science cabalistique et la prétention de savoir que telle production est due à l'influence de telle ou telle autre planète. La science ne possède point encore de données sûres pour prononcer sur cela, n'en possède aucune.

Ainsi encore , qu'on fasse la remarque que dans le soleil, qui ne reçoit qu'un seul fluide , il n'y a absolument qu'unité , que sa seule substance , et que sur la terre , qui reçoit une foule de fluides , il y a une multitude de productions , multitude de substances.

Dans le soleil , il y a seulement *unité* ; dans les planètes , il y a unité et multiplicité.

DE L'AIR, DE L'ATMOSPHÈRE.

Le fluide atomique qui pénètre le globe, c'est-à-dire celui qui y entre par ses pôles, y est transformé en fluide igné et y circule dans son intérieur en grande partie, comme son sang ; la terre reçoit l'eau des mers, les fluides igné et atomique et celui des diverses planètes et comètes, et tous ces fluides se combinent en toutes sortes de proportions pour devenir sa propre substance ou plutôt toutes les substances qui le composent, et après, par le travail intestin du globe, il émet, et en même quantité de matière qu'il en a reçu, il émet, dis-je, le fluide atmosphérique.

Il est clair, dès lors, que je rejette la pesanteur de l'air, car un fluide qui s'élève sans cesse de la terre pour s'aller dissoudre dans l'espace n'est pas un fluide pesant.

Je dis donc que l'air ne pèse pas, qu'il est léger, et

qu'on s'est trompé en attribuant à sa pesanteur beaucoup de phénomènes : l'ascension de l'eau dans les pompes , la difficulté d'ouvrir un soufflet bien bouché ,
l'adhésion l'un contre l'autre de deux corps polis , qui
sont difficiles à séparer , etc.

Quelle est donc la cause de ces phénomènes ? Je dis,
moi, que c'est son élasticité dont la pression , agissant
en tous sens , opère ces effets de la même manière que
ferait la pesanteur.

Maintenant , pourquoi les pompes aspirantes élèvent-
elles l'eau plus bas d'un quart sur le Puy-de-Dôme qu'à
Dieppe ? Pourquoi un même siphon élève-t-il l'eau à
Dieppe et à Paris et non sur le Puy-de-Dôme ? Pourquoi deux corps polis appliqués l'un contre l'autre sont-
ils plus faciles à séparer sur un clocher que dans la rue ?
Pourquoi un soufflet bouché de tous côtés est-il plus
facile à ouvrir sur un clocher que dans une cour ? Pour
quoi le baromètre indique-t-il la hauteur des montagnes par la hauteur à laquelle le mercure y reste sus-
pendu dans le tube ?

Je dis, moi, que tous ces effets sont dus, à l'élasticité
de l'air , qui est plus grande dans les lieux bas et moins
grande plus on s'élève ; car la force élastique de l'air
est en raison inverse de l'espace qu'il occupe ; il occupe
plus d'espace dans les régions supérieures de l'atmosphère que dans les inférieures ; aussi sa force élastique
est-elle plus grande en bas , plus faible en haut. Les
condensations de l'air suivent la raison des poids qui
le compriment , et les couches supérieures de l'atmo-

sphère sont moins pressées que les inférieures. A présent, pourquoi sont-elles moins pressées plus on s'élève, dira-t-on, si ce n'est parce qu'il pèse sur lui-même? C'est la conclusion ancienne qu'on en a tirée. On a comparé l'air à une masse de laine, de laquelle si on prenait une poignée dans le fond, dans l'état pressé où on la trouve au fond, et qu'on la portât, dans le même état de pression, au milieu de cette masse, elle s'élargirait d'elle-même, étant alors plus proche du haut, parce qu'elle aurait une moindre quantité de laine à supporter en ce milieu, que, de même, si dans un lieu bas on remplit à demi d'air une vessie, de manière qu'elle soit flasque, et qu'on la transporte ainsi sur une montagne, à mesure qu'on s'élève on voit la vessie s'enfler, et, arrivée à une certaine hauteur, elle est entièrement gonflée.

On a conclu de là que, de même que la laine, l'air pesait sur lui-même; d'où il résulte logiquement que l'air va ou a tendance à aller de haut en bas. Je combats cette conclusion, et je dis que l'air va de bas en haut. J'ai donc à expliquer pourquoi l'air est d'autant moins pressé que d'autant plus on s'élève.

J'ai déjà dit que la pesanteur était due uniquement à la pression, c'est-à-dire à la poussée du fluide atomique, et que chaque point de l'espace est un point de convergence, un centre où affluent de tous côtés des rayons de fluide atomique. Si d'aucun côté ce point dans l'espace n'éprouve d'interception de rayons atomiques, le corps qui occuperait ce point n'éprouverait aucun effet de pesanteur. Si d'un côté ce corps éprouve une interception de rayons atomiques, il sera poussé par des rayons affluents du côté où la résistance manque, c'est-à-dire du côté où il y a interception de rayons, et comme cette interception ne peut exister que par le voisinage plus ou moins rapproché d'un autre corps, il sera poussé vers ce corps, de même que, et par la même raison, ce corps sera poussé vers lui, et bientôt ils se joindront. Voilà ce qu'on a pris pour attraction.

Appelons le premier corps A et le second corps B. Supposons A très petit et B extrêmement gros ; il est clair alors que le corps A intercepte très peu de rayons au corps B, et qu'au contraire B en intercepte beaucoup à A ; d'où il suit clairement : 1° que le corps A doit être poussé vers B avec beaucoup de célérité, tandis que B est très peu déplacé ; 2° que plus A sera éloigné de B et plus l'interception de rayons atomiques sera petite, par conséquent moins sera grande sa marche vers B, et que, par conséquent, plus A se rapproche de B, plus l'interception de rayons atomiques augmente, c'est-à-dire plus est grand le nombre de rayons interceptés et moins est grande la résistance au mouvement qui porte A vers B ; donc, plus A s'approche de B, plus son mouvement est rapide ; ce mouvement s'accélère progressivement.

Concevons donc une pierre à un immense éloignement de la terre ; elle est environnée de rayons atomiques qui la poussent en tous sens : les uns la poussent en dessus vers la terre, d'autres la poussent par dessous pour l'éloigner de la terre, et font, par conséquent, résistance aux rayons qui poussent par dessus ; mais comme la terre intercepte beaucoup de ceux qui poussent par dessous, ceux qui poussent par dessus l'emportent, et la pierre avance vers la terre ; or, plus elle avance, plus le nombre de ceux qui poussent par dessous diminue ; or, plus la résistance diminue, plus le mouvement s'accélère. En voilà assez ; cela est clair comme le jour.

Maintenant, appliquant cela à l'air, je dis qu'allant de bas en haut, il éprouve la résistance du fluide atomique qui va de haut en bas ; que l'air est pressé près de la terre par les rayons atomiques, qui ne le pressent que par dessus, et qu'à mesure qu'il s'élève quelques rayons le pressent par dessous ; que plus il s'élève, plus le nombre des rayons atomiques qui le pressent par dessous augmente, et que, par conséquent, plus il s'élève, plus est grande la résistance aux rayons qui poussent par dessus ; donc, plus il s'élève, moins il est pressé, et moins il est pressé, plus il occupe d'espace, et son éloignement s'accélère progressivement, et sa force élastique diminue d'autant plus que plus il s'élève, étant en raison inverse de l'espace qu'il occupe.

Ainsi donc, la force élastique de l'air diminuant avec la hauteur, on conçoit que les pompes aspirantes doivent élever l'eau plus bas sur une haute montagne, plus haut dans la plaine ; que, de même, deux corps polis seront plus faciles à séparer, un soufflet plus facile à ouvrir sur un clocher que dans la rue. L'élasticité de l'air explique aussi les effets du baromètre pour la mesure de la hauteur des montagnes. Enfin, tous les phénomènes par lesquels on a cru prouver invinciblement la pesanteur de l'air ne la prouvent pas du tout : ils s'expliquent tous par son élasticité.

L'air est léger, c'est-à-dire va de bas en haut, sans cesse renouvelé. Il est une effluve du globe terrestre : il fait résistance à la pesanteur.

Les anciens, moins savants que les modernes, étaient cependant pleins de plus de bon sens :

> Hæc super imposuit liquidum et *gravitate carentem*
> Æthera, nec quicquam terrenæ fœnis habentem.
>
> (Ovid.)

Dans le même temps qu'un même pendule fait cent battements dans l'air, il en fait cent dix sous le ballon de la machine pneumatique privé d'air. Cela est dû, dit-on, à la résistance de l'air. Sans aucun doute; mais peut-on dire que cela prouve sa pesanteur? Eh! non ; cela prouve seulement son existence, son élasticité. Si l'air pesait, allait ou avait tendance à aller de haut en bas, la flamme s'arrondirait au lieu de s'élancer en jets allongés et terminés en pointe. Si je me trompe, qu'on me cite donc un seul fait qui improuve ce que j'avance, car je n'en connais aucun.

Je me résume en disant que la pesanteur de l'air est une grande erreur en physique ; on peut établir seulement qu'il a une pesanteur relative, il vaudrait mieux dire une légèreté relative, c'est-à-dire que telles vapeurs sont plus légères que lui, que le gaz hydrogène est plus léger que lui, que le gaz acide carbonique l'est

au contraire moins, à la bonne heure ; mais pour
une pesanteur réelle, il n'en a point ; il n'en a qu'une
relative ; il va de bas en haut et sans cesse.

DE L'EAU.

Du grand être vaporeux, c'est à dire de la généralité de tous les nuages qui existent dans l'atmosphère de tout le globe.

Le grand être vaporeux est le produit de l'influence ancienne de quelques planètes ou de quelques comètes, ou de deux ou plusieurs influences pareilles réunies.

Ce grand être vaporeux est un être entièrement différent et à part du globe terrestre.

Expliquons-nous. J'ai fait connaître les deux fluides principaux de l'univers, savoir : le fluide atomique et le fluide igné ; j'ai dit que ce second fluide était dû à un changement dans la direction du premier, que cette nouvelle direction du mouvement, sans changer la nature des atomes, constituait un fluide blanc et chaud, au lieu d'un fluide noir et froid ; j'ai dit que c'était là une combustion. La rencontre de ces deux fluides constitue toujours une combustion quelconque. Je rappelle que j'ai dit aussi que la combustion était *une* et *multiple* comme l'univers. La combustion *une* est celle qui constitue la vitalité de l'univers ; la combustion *multiple* est celle qui constitue la vitalité de l'infinie multitude des êtres. Il y a des êtres de toutes sortes de natures et de grandeurs ; il y a donc de même des combustions de toutes sortes de natures et de grandeurs. Je rappelle aussi que la combustion ou plutôt les combustions sont le moyen employé par la nature pour que le mouvement de chaque être, de chacun des atomes qui constituent les êtres, soit toujours obéissant à la loi du mouvement général.

Maintenant, je dis que partout où il y a cohésion des atomes il y a vie ou combustion ; qu'il n'y a mort réelle que dans le fluide atomique pur ; que tout le reste est doué de vie, sans aucune différence entre les corps organisés et les corps inorganiques ; que ces derniers sont des parties vivantes d'un corps vivant (le globe terrestre), qu'à tort nous n'accordons la vie qu'aux deux règnes animal et végétal ; qu'à tort nous ne voyons d'organisation qu'où nous trouvons des fibres, des canaux, des organes, comme ceux que nous offrent ces deux règnes ; je dis qu'il est bien d'autres moyens de circulation, bien d'autres organes pour de tout autres êtres que nous ne connaissons pas, et que nous ne pouvons pas borner ainsi les moyens organiques de la nature.

Je dis qu'il existe de conserve avec notre globe, côte à côte avec lui, ayant besoin l'un de l'autre, un être immense que j'appelle l'*être vaporeux*, qui l'enveloppe

presque de partout, lui accordant çà et là et de temps
à autre la vue du ciel et la lui interceptant, vivant
dans son atmosphère, et que ces deux êtres sont en
lutte continuelle, ici tranquille, là tumultueuse.

Cet être est *un* et *multiple*, comme l'univers, comme
le globe terrestre, comme nous, comme tous les êtres.
Aussi le voyons-nous tantôt par grandes masses,
couvrant un immense horizon, tantôt par petites masses
ou nuages isolés, tantôt à d'immenses hauteurs, tantôt
rasant le sol en brouillards.

Cet être vivant est de la vapeur; mort, son cadavre
est l'eau; son existence s'entretient par les deux fluides
atomique et igné, mais déjà un peu combinés, c'est-à-
dire par les deux fluides ou gaz dits oxygène et hydrogène, car j'ai déjà dit que l'oxygène contenait un peu
de fluide igné et que l'hydrogène contenait aussi un peu
de fluide atomique.

L'inflammation de ces deux fluides dans l'atmosphère,
et dans le cas dont je parlerai bientôt, produit de la
vapeur d'eau. Ce grand être vaporeux va facilement
de la vie à la mort et de la mort à la vie; un peu de
changement de température suffit pour cela. L'évaporation de l'eau la met en vapeurs, la rend à la vie; de
même un refroidissement lui donne la mort et la renvoie
en pluie. Il suit de là, dira-t-on, que sa masse devrait
s'accroître indéfiniment, et pourtant cela n'est pas.

Non, cela n'est pas, parce que cette énorme masse
d'eau dans les mers, cet immense cadavre pénètre en
partie dans les entrailles du globe, où la force du feu cen-

tral, la force de la combustion vitale du globe, transforme cette eau en gaz oxygène et azote, et s'en débarrasse, les émet hors de lui en fluide atmosphérique, homogène, et cela constamment.

Je n'entends pas par là dire que l'atmosphère soit entièrement le produit de l'eau seule. L'atmosphère est une émanation, une émission continuelle du globe, une transformation de sa substance par le moyen de sa combustion ou vie, émission qui continuellement aussi va se dissoudre dans l'espace.

Je dis seulement que l'eau que le globe absorbe et s'assimile entre pour beaucoup, mais pour une partie, dans cette transformation et formation de l'atmosphère. Cela est contraire à l'opinion que l'on a de la pesanteur de l'air, je le sais ; je l'ai déjà combattue, cette pesanteur de l'air ; je la nie formellement, et je répète que son élasticité, qui est incontestable, suffit à l'explication de tous les phénomènes qui lui ont fait accorder la pesanteur.

Ce grand être vaporeux, un et multiple, possède la vie avec différents degrés de force, là avec une force prodigieuse, ici très faiblement. Je viens de dire en effet qu'un peu de changement de température suffisait ici-bas pour lui donner ou la mort ou la vie, et je vais dire à présent que cet être existe pourtant bien vivant à des hauteurs immenses où la température est constamment d'un froid mortel ; il s'élève et vit à une hauteur supérieure à celle des pics les plus élevés des plus hautes montagnes du globe. La preuve en est que ces sommets sont toujours couverts de neige ; cette neige est tombée de plus haut , donc il y a des nuages à d'immenses hauteurs , dans le froid le plus vif, et qui n'y sont pas tous réduits en eau , en neige , qui y vivent d'un degré de force supérieur à celui d'autres nuages , lesquels autres se réduisent en eau , sont tués à des hauteurs où la température est bien plus forte , est même chaude.

D'où vient donc cette grande différence de force vitale dans les diverses parties de cet être. Je vais le dire. Tous les êtres vivants ont une continuelle absorption de matière , de même qu'une émission continuelle aussi de matière ; ils sont tous doués d'une volonté telle quelle , propre à leur nature ; ils ont entre autres une émission d'un fluide magnétique qui leur est propre , auquel leur volonté peut donner une direction quelquefois autre que la direction naturelle.

Cela posé , c'est-à-dire que le grand être vaporeux est dans ces mêmes conditions ; sans cesse il meurt en partie , il est réduit en eau quelque part. L'eau est son cadavre ; sans cesse cette eau est transformée dans les profondes cavités du globe et par le feu vital du globe en une partie de l'atmosphère terrestre ; sans cesse aussi une grande partie de cette eau , de ce cadavre est évaporée , par une température assez élevée pour cela , et redevient vapeur , mais celle-là d'une faible vie.

Sans cesse aussi , quelque part , le grand être vaporeux se multiplie par le rut et forme de la vapeur nouvelle , celle-ci douée d'une très grande force vitale.

La nouveauté de cette assertion appelle des explications que je vais donner.

Toute vie, ai-je dit, est une combustion, comme toute combustion est une vie ; il y a des êtres vivants de toutes sortes de nature, donc des combustions de de toutes sortes de nature. J'ai montré que l'être était un et multiple, que de même la combustion était une et multiple ; je dis que de même, toute génération est précédée d'une inflammation, est le produit d'une inflammation, d'une fulguration. Mais il en est de cette fulguration comme de la combustion, c'est-à-dire qu'il y en a de toutes sortes de nature. Cette fulguration quelconque produit un germe qui se développe et s'accroît, s'il tombe en terrain propice, c'est-à-dire en matrice propice, terrain, atmosphère, sein des êtres, espace, chacun suivant sa nature ; cela est pour tout être vivant.

Cet état de fulguration génératrice est perpétuel pour le soleil ; il est non perpétuel, mais fréquent pour les planètes.

Cet acte générateur, ce rut, pour notre globe terrestre, ce sont les aurores boréales, très fréquentes. Pour tous les autres êtres cet acte est plus ou moins fréquent. Cette fulguration génératrice a lieu même dans le règne végétal : il est sûr que la fraxinelle et la capucine en fleurs répandent, quand l'air est chaud, une émanation qui s'enflamme quand on en approche un corps enflammé ou rouge de feu. Un savant, M. Hagren, a vu un éclair sur les fleurs de la *calendula offici-*

nalis, ou du souci; il a vu ces éclairs sur la capucine, sur le lis rouge, sur les œillets d'Inde; il a vu les pétales d'un lis rouge couvertes de pollen, poussière fécondante des étamines de la fleur, immédiatement après la fulguration, tandis qu'auparavant il n'y avait point de cette poussière sur ces pétales. L'illustre Linné lui-même, Mlle Linné, M. Hagren et divers autres savants assurent avoir vu l'éclair de la capucine. De si grands témoignages méritent toute confiance, et je les rapporte parce qu'ils fortifient beaucoup mon induction; mais j'ajoute que, quand même cette combustion ou inflammation génératrice ne se rend pas visible par un éclair, elle n'en a pas moins lieu. Il y a des combustions de toutes sortes de nature; on sait d'ailleurs assez que l'acte générateur met tous les êtres dans un état que l'on indique par les mots de *flamme*, de *feu*; on connaît les feux de l'amour; cela n'est pas du tout métaphorique. Qu'on y réfléchisse, et l'on ne prendra pas mon assertion pour une conjecture.

Son empire est universel dans les cieux et sur la terre:

> Alma Venus, tibi rident æquora Ponti
> Placatumque nitet diffuso lumine cœlum.
>
> (LUCR.)

Le soleil, dis-je, est perpétuellement et sans repos dans l'acte générateur; il est en copulation perpétuelle et émet perpétuellement aussi le fluide générateur de tous les corps, le fluide vivifiant, le fluide igné. Chacun des globules de ce fluide est déjà lui-même un animalcule vivant, le plus minuscule des êtres, animalcule qui, de même que le soleil, s'entretient par l'absorption des atomes. Ce fluide vivifiant, rayonnant du soleil, se répand dans un immense espace, où il va porter la vie à tous les corps.

Une immense partie de ce fluide, émané du soleil ou des soleils, entretient la voie lactée, où ces germes de soleils sont fécondés comme dans une matrice favorable et nous montrent des étoiles nébuleuses qui sont des soleils et planètes naissants. Il y a aussi dans l'hémisphère céleste austral, et beaucoup plus que dans le boréal, une quantité de ces nébuleuses. Outre cette voie lactée et ces nébuleuses existant dans la sphère céleste, où la vue de l'homme peut s'étendre, il y a immensément au-delà, dans l'infinité de l'espace, des infinités de voies lactées et de nébuleuses convenablement espacées et immensément. Par là se renouvelle, se rajeunit sans cesse l'univers.

Le feu que nous connaissons sur la terre, une flamme de lampe, le feu de nos foyers, un grand incendie, sont de petits soleils, sont, comme lui, des êtres *in ardore venereo* tant que dure leur existence. C'est la seule nature de combustion que l'on ait connue jusqu'à présent, c'est-à-dire que l'action du feu, dévorant promptement les corps, est le seul phénomène naturel qu'on ait appelé combustion jusqu'ici, mais qu'on pourrait distinguer par le nom de *combustion dévorante*, parce que cet être s'assimile promptement tous les corps qu'il dévore. C'est un être *sui generis*. J'ai dit que tous les êtres vivants sont des combustions ; tous les êtres morts sont des collections de combustions où d'êtres vivants qui, n'étant plus liés par l'unité principale, sont en désorganisation, c'est-à-dire se repoussent, ce qui constitue la décomposition, fermentation, putréfaction. Chaque être est distingué par un nom ; on ne donne celui de combustion, nom générique qui pourtant les désigne tous, qu'à celui qui a la vie la plus forte, à la combustion dévorante ou au feu. Je fais cette remarque pour qu'on sache bien que ce que nous appelons la combustion, le feu, est un être à part, un individu comme les autres.

L'acte générateur, l'*ardor venereus* de notre globe terrestre est ce que nous appelons aurore boréale (quoiqu'il y en ait aussi d'australes). Cet acte est assez fréquent ; c'est en certains lieux un spectacle superbe que de voir l'abondante émission lumineuse qui en résulte. Cet abondant flux lumineux est un fluide prolifique de planètes, qui se répand dans l'espace, va s'y dissoudre en grande partie, et qui en partie aussi est fécondé dans l'espace convenable et dans les circonstances favorables, et forme une grande quantité de petites planètes, de planètes minuscules, nombreux petits satellites de notre globe, se mouvant en diverses directions, s'enflammant quelquefois, souvent même, et alors s'éteignant ; c'est ce que nous voyons les nuits, ce que nous appelons *étoile filante*. Souvent aussi quelques uns de ces petits satellites s'enflamment et tombent avec fracas sur notre globe en pierres assez grosses : nous les appelons *aérolithes* : ils s'enflamment dans le lieu où , si le diamètre de la terre s'allongeait jusque là, la terre deviendrait soleil. Une preuve que ces petits satellites sont d'origine du globe terrestre , c'est que la matière des aérolithes qui tombent sur la terre a toujours de l'analogie avec les matières terrestres du globe ; donc elles en tirent leur origine.

On connaît la génération dans le règne animal ; je dis qu'elle est le résultat d'un acte de combustion , de fulguration intérieure. On connaît la sexualité et l'hermaphrodisme des plantes , les étamines , les pistils des fleurs , organes sexuels , le pollen ou poussière fécondante. Je viens de montrer que sur certaines fleurs de savants observateurs avaient aperçu des éclairs générateurs. De tout cela , de toutes ces observations bien faites et incontestables, il faut absolument conclure que toute génération est le résultat d'un acte de combustion, d'une fulguration dans les êtres. Je vais à présent dire comment le grand être vaporeux qui environne le globe se génère.

EXPLICATION DES NUAGES, DE L'EAU.

On a cru, jusqu'à présent, que l'eau se rendait en masse dans les mers, et qu'évaporée, elle formait les nuages et les pluies, servant ainsi aux besoins du globe et de la végétation, ce qui est vrai ; mais on croit que, retournant encore aux fleuves et aux mers pour être de nouveau évaporée et toujours continuer le même jeu, est toujours et toujours la même eau.

Il n'en est pas ainsi. On voit souvent, dans les jours chauds et dans les nuits chaudes, des nuages lancer des éclairs fréquents sans tonnerre. Le ciel est clair et serein ; il n'y a pas d'autres nuages que celui qui lance les éclairs ; l'atmosphère est tranquille ; il n'y a point alors de vent fort pour amener de loin des vapeurs aqueuses, des nuages, et obscurcir l'air.

Eh bien ! peu de temps après ces éclairs sans tonnerre qu'on connaît sous le nom d'*éclairs de chaleur*, on voit le temps s'obscurcir, l'air se charger de vapeurs aqueuses et nous cacher le ciel, enveloppant l'horizon.

Souvent la chaleur du temps, aidée d'un léger vent, dissipe tout et ramène la clarté de l'air, emportant toutes ces vapeurs dans d'autres régions.

Je dis que voilà une formation immense de vapeurs qui viennent de naître par l'action génératrice, l'*actio renerea* du nuage qui lançait les éclairs ; l'opération n'a pas été troublée, tout s'est bien passé.

Les physiciens savent que l'on fait de l'eau par la combustion de l'hydrogène et de l'oxygène, ces deux gaz dans la proportion voulue.

Moi, je dis que, par là, on ne forme pas encore de l'eau, mais de la vapeur d'eau, ce qui est différent.

Dans la circonstance génératrice du nuage dont je viens de parler, le nuage renferme dans son sein des gaz oxygène et hydrogène ; l'air environnant en est chargé.

Mais l'éclair, ce feu qui se forme dans le sein d'un nuage, dans la vapeur aqueuse, dans la substance la plus éminemment propre à éteindre le feu, comment l'expliquer ? Point d'embarras pour les physiciens : ils expliquent tout ce qu'on veut avec l'électricité.

Qu'on se rappelle comment j'ai fait voir l'existence des deux fluides atomique et igné, la raison que j'ai donnée de la formation du fluide igné, qui n'est autre qu'une différence dans la nature du mouvement des atomes ; qu'on se rappelle aussi la loi générale du mouvement, et, en comprenant bien tout cela, on verra que l'éclair du nuage résulte de la nature du mouvement intérieur qui, dans cette circonstance, s'opère en lui. Après cela, qu'on réfléchisse bien, et on verra aussi s'il est possible de considérer le nuage comme une matière inorganique et sans vie, sans fibres, sans canaux, sans organes quelconques. S'il en était ainsi, les fluides le traverseraient directement, tandis qu'il faut un mouvement de rotation, un mouvement curviligne quelconque, mouvement de circulation dans l'intérieur de ce nuage, pour que ce fluide s'enflamme. J'ai prouvé cela d'une manière, j'ose le dire, incontestable; il n'y a point de feu sans un tel mouvement.

Or, comme les fluides ne peuvent prendre une telle nature de mouvement que contraints par une force, il faut dans le nuage des fibres compressives pour faire dévier les fluides de la voie rectiligne, des fibres compressives, muscles ou nerfs, des canaux de passage, des organes quelconques. Et quelle est cette force qui fait contracter et dilater des fibres pour opérer le mouvement nécessaire? Cette force est une volonté; toute force vient de la volonté, soit de la volonté suprême ou universelle, soit des volontés des êtres, volontés particulières qui dérivent de l'universelle.

Le nuage est donc un être vivant, *sui generis*, ayant son organisation, sa physiologie, sa volonté, mais volonté influencée, comme celle de tous les êtres particuliers de l'univers, et subordonnée. L'organisation dont je parle échappe du reste à notre observation matériellement faite; nous n'avons pas d'instruments

capables de nous aider à la découvrir et à la connaître ;
et quand je parle de fibres, de muscles, de vaisseaux,
de canaux, etc., c'est dans l'impossibilité de m'expliquer
autrement que par l'analogie avec l'organisation animale. Autant cette nature d'êtres est différente de la
classe animale ou végétale, autant son organisation
aussi en diffère ; elle est, comme cet être, immensément
variable.

Nous lui voyons prendre mille formes ; tantôt il se
condense et s'arrondit, tantôt il se dilate au point de
n'être plus apercevable.

Et, chose vraiment digne de remarque, jamais vous
ne voyez dans l'état de nuages lançant des éclairs de
chaleur sans tonnerre ceux qui sont en grand mouvement locomotif, ceux que le vent entraîne, soit avec
rapidité, soit lentement.

Les nuages qui lancent ces éclairs sont toujours à
peu près immobiles, nouvelle preuve qu'il y a en tout
une compensation de mouvement. Le prodigieux mouvement intérieur qui s'opère dans ces nuages ne comporte
pas leur mouvement locomotif ; ces deux mouvements
s'excluent, ce qui est en rapport avec la loi générale
du mouvement.

Ces nuages sont fortement ramassés, condensés ;
leurs contours sont nets, c'est-à-dire terminés par des
lignes qu'on dirait coupées aux ciseaux.

Les physiciens ont beaucoup discuté sur les vapeurs
aqueuses : on les a cru longtemps creuses et semblables
à des bulles de savon : c'est du calorique, disait-on,

enfermé dans une enveloppe d'eau. Il y avait outre cela des vapeurs concrètes. On a abandonné tout cela, et on n'en sait pas davantage.

Sans entrer dans ces discussions sur la nature et la forme des vapeurs, sur l'organisation de telle ou telle nature des nuages, je soutiens qu'un nuage est un être vivant, une agglomération de vapeurs, êtres vivant harmoniquement avec lui, c'est-à-dire qui ont leur vie propre tout en ne faisant qu'un avec lui. Tous ses mouvements, tous ses actes, toute son influence, toute sa vie, tout en lui s'exécute comme les manœuvres d'un régiment, qui, composé d'individus ayant leur vie propre, agit pourtant, manœuvre comme un seul homme. Il en est des nuages comme des vapeurs : les nuages ont leur vie propre et vivent harmoniquement avec le grand être vaporeux qui enveloppe notre planète, ne faisant qu'un avec lui, de même encore que les régiments, êtres à part, ne font qu'un avec l'armée.

Il y a dans le grand être vaporeux unité et multiplicité ; c'est comme dans l'univers. De même encore que l'univers, il ne meurt jamais que par parties, se régénérant aussi par parties ; il ne mourra tout entier qu'avec le globe terrestre.

Vivant, il occupe toujours l'atmosphère ; mort, il tombe sur la terre. L'eau est son cadavre.

J'ai dit qu'un être mort était une collection d'êtres vivants qui sont en désagrégation ; de même l'eau est une collection de vapeurs vivantes, qui seulement ne sont plus liées par l'unité principale et sont en désagrégation. Aussitôt que le fluide vivifiant, le calorique, s'en empare, elles rentrent à la vie, mais alors ne jouissent que d'une vitalité faible, tandis que les vapeurs formées par la génération des nuages, par la fulguration, possèdent la plus forte vitalité.

La température va toujours en diminuant, plus on s'élève dans l'atmosphère. J'en ai donné la raison en faisant connaître le fluide atomique. La chaleur vaporise l'eau sur la terre, les fleuves et les mers; cette vapeur s'élève dans l'air.

Pourquoi y a-t-il des nuages qui se résolvent en pluie à de très faibles hauteurs, et d'autres qui parviennent à des hauteurs où règne le froid le plus vif, où tout serait gelé, sans se résoudre ni en pluie, ni en neige, ni en grêle? A part le rôle que joue l'électricité dans ces phénomènes, et dont je parlerai tout-à-l'heure, il me semble difficile de ne pas admettre que cela vient d'une grande différence dans la force de la vitalité.

Une goutte d'eau est un assemblage immense de vapeurs en désagrégation, c'est-à-dire n'appartenant plus au grand être vaporeux; la chaleur élève ces vapeurs, les rend à la vie, mais elle ne fait pas des vapeurs, qu'on le remarque bien.

Il ne naît des vapeurs aqueuses, il ne se fait des vapeurs aqueuses nouvelles que par l'action génératrice, l'*ardor venereus* des nuages, autrement dire, que par les éclairs de chaleur, éclairs sans tonnerre.

J'ai encore à faire remarquer qu'en disant, à l'égard de l'évaporation, de la vaporisation de l'eau, que le fluide vivifiant rend les vapeurs de l'eau à la vie , je ne me suis pas assez expliqué.

Je dis donc que l'eau est un cadavre , un assemblage immense de vapeurs vivantes , mais vivant de leur vie propre seulement , vie isolée , sans aucune liaison entre elles, et n'appartenant plus à la vie du grand être vaporeux.

La chaleur , dis-je , les rend à la vie , non pas à leur vie propre et isolée , qu'elles n'ont pas perdue , mais à la vie du grand être vaporeux , auquel elles appartiennent de nouveau , mais avec une vitalité plus faible. Ce sont des vétérans qui retournent à l'armée , dont les jeunes et vigoureux soldats , pour compléter cette image, sont les vapeurs créées par les éclairs de chaleur.

Ne voyons-nous pas dans les êtres d'une même organisation , dans le genre humain par exemple , des individus doués d'une force d'organisation , d'une force de tempérament prodigieuse à l'égard d'autres individus, dont la force d'organisation, de tempérament , est d'une grande faiblesse comparativement ? Les uns et les autres , cependant , peuvent aller également à une extrême vieillesse , mais une maladie , une atteinte quelconque, à peine sensible sur l'un, tuera l'autre. Je crois ne pas me tromper en me fondant sur cette analogie pour établir la différence de force de vitalité des vapeurs aqueuses.

J'ai montré l'acte générateur du grand être vaporeux , j'ai fait voir cette opération se faisant tranquillement , sans contrariété ; mais cela ne se passe pas toujours ainsi, le globe terrestre ne le veut pas toujours ainsi. Le plus souvent, à mesure que les éclairs de chaleur sans tonnerre amoncèlent une énorme quantité de vapeurs naissantes, le globe veut les tuer à l'instant.

Le globe terrestre en agit envers le grand être vaporeux, nuageux, de manière à maintenir toujours l'eau en quantité suffisante pour ses besoins à lui globe terrestre, et tantôt il favorise l'immense multiplication des vapeurs, tantôt il s'y oppose en les tuant à mesure qu'elles se forment.

En ce cas, voici ce qui arrive. On sait que le globe émet continuellement, outre le fluide atmosphérique, un autre fluide qu'on appelle magnétique, et qui se dirige au pôle naturellement ; quand le globe veut changer cette direction et la porter en partie contre les nuages, pour les tuer et les réduire en pluie, alors le fluide magnétique devient fluide électrique.

Nos appareils électro-moteurs, les machines électriques ne produisent de l'électricité qu'en contraignant, par leur mouvement, le fluide magnétique à changer sa direction. Le fluide magnétique ne produit pas de feu ; le fluide électrique en produit, parce qu'on a changé la direction horizontale du mouvement du fluide magnétique en mouvement circulaire par la rotation de la roue de l'appareil. On connaît l'aigrette électrique, le coup de foudre électrique, le phénomène de la bouteille de Leyde ; tout cela est en parfaite concordance avec ma théorie sur le feu, telle que je l'ai établie dans le chapitre sur le mouvement.

Le soleil est une grande machine électrique. Je consacrerai un chapitre à l'électricité. Je reviens à parler de l'orage.

Les éclairs de chaleur sans tonnerre viennent de produire une énorme quantité de vapeur, le globe veut les tuer aussitôt; alors il dirige son fluide magnétique, qui devient électrique, sur ces vapeurs, ces nuages nouveaux; ce fluide les pénètre, les parcourt en divers mouvements : c'est un autre être introduit dans le grand être vaporeux; c'est un être inharmonique avec lui, qui s'établit dans lui nuage, le tourmente, l'irrite. C'est pour le nuage *une maladie* (qu'on le remarque bien); il se défend, il lutte de toutes ses forces, il en a assez pour comprimer l'air avec violence et pour l'agiter comme un vent furieux; on sent l'air venir du nuage, tantôt d'un côté, tantôt de l'autre, quelquefois en tourbillonnant, toujours avec violence : c'est le commencement de la tempête, de l'ouragan.

Je m'interromps ici pour fixer fortement l'attention. Il est peu de personnes qui n'aient fait la remarque que, dans ces cas d'orage, le vent furieux, l'ouragan, assez fort quelquefois pour tout renverser, déraciner et transporter les plus gros arbres, faire enfin les dévastations les plus effroyables, que ce vent furieux venait du nuage absolument et non d'ailleurs.

Réfléchissons-y bien, car nous avons pris la nature sur le fait, nous la tenons cette fois *flagrante delicto*; car nous avons trouvé la cause principale des vents. Je reviendrai sur ce sujet.

Le nuage attaqué prend aussi ses armes, c'est-à-dire son fluide électrique, son fluide, auquel il imprime le mouvement qui produit le feu. Prêt à perdre la vie par la maladie dont je viens de parler, il veut la vendre chèrement; il lance avec fureur la foudre contre le globe et meurt. A l'instant il tombe des torrents d'eau, ou de grêle, ou d'eau mêlée de grêle, ou de grêle seule; l'éclair de la foudre imprime des secousses violentes à l'air, qui produisent le bruit du tonnerre.

Un orage, c'est une bataille.

L'éclair de la foudre, c'est le fluide électrique du nuage; c'est encore son fluide vital, c'est la même chose.

L'éclair du nuage, dit éclair de chaleur, éclair sans tonnerre, est un éclair générateur, un éclair d'amour, de vie.

Ton empire est encore ici, *alma Venus*.

L'éclair, au contraire, avec bruit de tonnerre et foudre, est un éclair de colère, de fureur, un éclair de mort.

La grêle provient de ce que le fluide vital du nuage abandonne les vapeurs trop subitement et les laisse, sans feu, en proie au fluide atomique, si réfrigérant; il les abandonne subitement, parce qu'il fait longtemps effort pour rester; le nuage veut vivre, il lutte tant qu'il peut, jusqu'à ce que, vaincu dans ses efforts, et pour vendre chèrement sa vie, il rassemble avec désespoir toutes ses forces, c'est-à-dire tout son fluide vital, pour foudroyer d'un seul coup le globe terrestre.

Mais contre la terre c'est le trait de Priam :

Telumque imbelle sine ictu...   conjecit.

Il foudroie le globe, auquel il envoie par là sa colére, son feu, sa vie, et il le fait ainsi subitement, instantané-mont ; c'est , je le répète , cette instantanéité avec laquelle le feu vital des nuages les abandonne qui les livre, sans feu , sans vie , à l'action subite du fluide ato-mique , qui a le temps de les geler instantanément aussi avant leur chute.

Mais il y a dans un orage beaucoup d'éclairs , beau-coup de coups de tonnerre ; c'est qu'il y a dans l'atmo-sphère non pas un nuage , mais beaucoup de petits nuages qui éprouvent successivement le même sort : le grand être vaporeux est un et multiple.

Mais , dira-t-on encore , il ne grêle cependant pas à chaque éclair ; c'est souvent de la pluie qui tombe. A quoi je réponds que cela vient de ce que cette foule de petits nuages n'est pas toute à la même hauteur.

Il en est qui , par leur position , ne sont pas autant exposés que les autres à être saisis par la rigueur du froid atomique , abrités qu'ils sont par d'autres qui leur sont superposés. C'est cette diversité de position des nuages qui fait qu'il tombe ou des torrents d'eau , ou des masses de grêle , ou de l'eau mêlée de grêle , comme je viens de le dire.

Il faut remarquer que la grêle ne tombe jamais que dans les orages , qu'après les éclairs et les tonnerres , tandis que l'hiver il tombe de la neige , rarement du grésil, qui est de la neige durcie, mais bien différent de la grêle. L'hiver donc, il neige; dans les chaleurs de l'été, il grêle. C'est que dans l'hiver, et même dans les plus grands froids, le feu, la vie du nuage, ne l'abandonne pas instantanément; il meurt de langueur, lentement, par parties, et tombe en neige.

J'ai donné la vrai cause de la grêle, il est impossible de la mettre en doute.

Un orage est donc une bataille livrée entre la terre et le grand être vaporeux, les nuages; elle est quelquefois terrible, mais tous les nuages ne sont pas tués entièrement, tout ne tombe pas en grêle, en eau; l'orage se dissipe, la bataille est finie.

Tout ce qui reste de nuages qui n'ont pas succombé s'en va plus loin, mais ces nuages s'éloignent, emportant dans leur sein, dans leur être, la maladie, c'est-à-dire ils renferment de l'électricité terrestre; il y a dans leur être un autre être à eux étranger, inharmonique à leur existence, ce qui constitue tout état de maladie quelconque chez tous les êtres.

Ils s'éloignent donc dans un état maladif, et, soit qu'ils s'éloignent en nuages, soit que ces nuages se dissipent, se dilatent en vapeurs inapercevables, laissant à l'air sa transparence et sa sérénité, ils n'ont pas moins, dans ces deux états ou de nuages concentrés ou de nuages dispersés en vapeurs, la maladie dans leur sein; car le fluide électrique terrestre est un autre être vaporeux, bien plus subtil que l'être vaporeux aqueux, et la vapeur aqueuse quoique isolée dans l'air, quoique n'étant pas en état de nuage condensé, n'en renferme pas moins la maladie en elle.

En cet état de maladie, les nuages parcourent les airs, parcourent de vastes régions du globe au gré des vents, tantôt en nuages condensés, tantôt en nuages dilatés en vapeurs, mais toujours en état de langueur, de maladie, de faiblesse vitale.

Ce sont ces nuages qui se résolvent facilement en pluie, auxquels il ne faut, pour cela, qu'un peu de changement de température; et comme ces batailles orageuses dont je viens de parler sont très fréquentes sur le globe, tantôt dans un lieu, tantôt dans un autre, l'hiver même dans d'autres climats, la lutte étant continuelle entre ces deux êtres, le globe et le grand être vaporeux aqueux, il s'ensuit que ces nuages en état de maladie sont en nombre immense et que ce sont eux qui portent partout les pluies, portant la fertilité sur toutes les parties de la terre.

Tandis que les nuages que j'ai dit entrer à la vie par les éclairs de chaleur, quand ils n'ont pas été attaqués par l'orage, par la bataille que j'ai dépeinte, sont parfaitement sains et vigoureux, soit dans l'état de vapeurs dispersées, soit dans l'état de nuages condensés, ceux-là ne se résolvent pas facilement en pluie.

Ils supportent facilement la plus grande chaleur ou le plus grand froid; ce sont ceux-là qui peuvent s'élever au-dessus des plus hautes montagnes; ceux-là seuls peuvent fournir de la neige aux sommets les plus élevés des Alpes, des Pyrénées, des Cordillières, au Mont-

Blanc, au pic du Midi, au Chimboraço, à l'Himalaya, généralement à toutes les plus hautes sommités du globe.

Voilà ceux qui entretiennent les grands réservoirs des montagnes, les sources des fleuves et les fontaines : ils entretiennent des cours d'eau incessants, roulant du haut des montagnes, soit en torrents, soit en cours paisibles, suivant les diverses ondulations du terrain.

Ici se place une observation qui va donner connaissance de ce qui fait ce qu'on appelle *cailloux roulés* ou pierres roulées et arrondies, ou plutôt qu'on a appelées ainsi parce qu'on a cru et qu'on croit encore que ces pierres étaient ainsi devenues arrondies et polies pour avoir été entraînées du haut des montagnes jusque dans les plaines, et que le frottement des unes contre les autres les avait ainsi, pendant leur course, arrondies et polies en usant leurs angles. Cette explication ne vaut rien.

L'observation attentive la rend inadmissible et nous apprend autre chose, que voici. Le temps travaille toujours à la démolition des montagnes ; entre autres agents qu'il emploie, un très actif, c'est le gel et le dégel, qui, très fréquemment, détache du flanc des montagnes des masses de rochers qui se précipitent dans les cavités et déclivités, masses de toutes sortes de grosseurs et de toutes sortes de formes et hérissées de pointes anguleuses.

Ces masses de pierres, de rochers de toutes sortes de formes gisent longtemps, gisent toujours sur le sol,

et sont alors baignées dans les torrents ou cours con
tinuels d'eau qui descendent sans cesse des montagnes.

Ces cours d'eau ne les entraînent pas, ne les rou-
lent pas, le poids de ces pierres ne le permet pas, et
quand on le voudrait à toute force, il ne pourrait pas
les rouler longtemps, assez longtemps pour leur donner
la forme arrondie et polie qui nous occupe et qui est
due uniquement au frottement de l'eau sur leur surface,
frottement continuel, incessant, qui sans cesse en
détache de très petites particules, qui suivent le cours
de l'eau, sont entraînées et déposées çà et là, formant,
non du sable, mais de l'argile ; les parties que l'eau en
détache sont trop fines pour être du sable.

Ces pierres sont, par conséquent, sans cesse dimi-
nuées de grosseur, et deviennent ces cailloux polis que
vous appelez cailloux roulés ; il y en a de toutes sortes
de grosseurs, et qui sans cesse s'amoindrissent quand
on les laisse sans cesse dans le courant d'eau, qui finissent
par y devenir entièrement argile. Cette opération de
l'eau est extrêmement lente ; il faut très longtemps pour
que l'eau abolisse les angles des pierres, arrondisse et
polisse ces pierres.

Vu la douceur du frottement, c'est le travail des
siècles, c'est la lenteur de l'opération qui a empêché les
savants géologues de pénétrer cette cause.

Quant aux sables, ils sont dus aux pierres et terres
qui se décomposent en s'émiettant ; les eaux en trans-
portent et charrient les parties les plus déliées, les plus
fines, et les déposent dans les cavités des cours d'eau,

sur les rivages et aux embouchures ; les mers les déposent sur les rivages et leurs dunes.

Voilà donc une des opérations constantes, incessantes de l'eau, c'est de convertir les rochers, les pierres en argile, en sable, en terre ; ainsi, il y a vicissitude dans l'état de pierre, de rocher, d'argile, de sable, de terre. Les rochers se font dans l'intérieur du globe par le travail intestin, ainsi que les métaux, par l'afflux continuel du fluide atomique à sa surface, fluide qui pénètre, et qui, en pénétrant, dévie de sa marche rectiligne, subit une courbure, subit un commencement de transformation, une diminution de son froid. La diversité des substances minéralogiques et métalliques est due à la diversité des fluides que reçoit le globe terrestre de toutes les planètes et du grand nombre des comètes. C'est à l'influence de tous ces fluides qu'est due la grande variété de toutes les combustions, de tous les êtres qui existent sur notre globe terrestre.

Il y a donc vicissitude de jour et de nuit, de froid et de chaud, de calme et de tempête dans le monde sublunaire, de prospérité et de détresse, d'heur et de malheur, vicissitude en tout dans l'univers ; c'est une loi de l'univers.

Il en résulte moralement qu'il faut conserver sa tranquillité d'âme dans toutes les positions, mais non pourtant tomber dans l'apathie, l'indifférence, parce que tous nous avons des fonctions nécessaires de lutte à accomplir ; nous sommes tous fonctionnaires de l'univers, et, je l'ai déjà dit, qui récuse ses fonctions en porte la peine.

C'est dans cette vicissitude de toutes choses, vicissitude infinie, qu'il faut voir la justice infinie de Dieu, de Dieu qui distribue le bonheur et le malheur, qui distribue sa justice, non dans la courte durée de la vie de l'homme, mais équitablement dans l'éternité.

Je trouve dans ce que j'ai fait connaître sur l'existence du grand être vaporeux, nuageux, une analogie avec l'anneau de Saturne, dont on ne connaît pas les fonctions, l'utilité, une analogie et une différence qui consiste en ce que le grand être vaporeux fertilise la terre par ses pluies, en la rafraîchissant d'après sa nature, tandis que l'anneau de Saturne, qui est d'une nature différente, d'une nature ignée, fertilise sa planète en l'échauffant par des pluies de nature ignée, qui lui sont nécessaires, vu sa nature très froide, provenant et de son énorme éloignement du soleil et de la nature de ses mouvements. Si on ne voit là qu'une conjecture, je la trouve très vraisemblable et bien conforme à l'infinie variété des ressources de l'infinie sagesse de l'esprit divin.

Lorsque la terre, avant de suivre l'orbite à elle tracée autour du soleil, a eu acquis tout son accroissement, elle n'avait qu'un mouvement de rotation tel quel sur elle-même, comme le soleil, d'où il résulte qu'elle émettait plus ou moins, mais sans cesse, du fluide igné, qui devenait son atmosphère; alors elle devait être à peu près en fusion. Tous les faits géognostiques concourent, en effet, à conclure que le globe a été en fusion.

Lorsque son mouvement de locomotion a commencé, tout a changé. Cette locomotion, unie à la rotation dans son état alors de fusion, a été cause d'un peu d'élévation dans ses parties équatoriales, et d'un peu d'abaissement dans ses régions polaires, lui a donné sa forme de sphéroïde un peu aplati, mais très peu, puisqu'il ne l'est que de $\frac{1}{300}$. L'observation a montré que la même chose est arrivée à toutes les planètes.

Par l'effet de cette complication de mouvements, le refroidissement a commencé, mais très lent; alors se sont produites toutes sortes de boursoufflures, des montagnes et des plaines et des cavités. Par l'effet de l'augmentation du mouvement, le refroidissement continuait; il se fit des fractures de la croûte du globe et des éjaculations de matières en fusion qui formèrent les roches ignées. L'emplacement le plus habitable du globe terrestre était alors les régions polaires, tempérées plus que le reste du globe par le froid du fluide atomique, et il est prouvé que ces régions étaient alors habitées déjà par les gros animaux, qui ne peuvent plus vivre que dans les régions équatoriales; c'est dans ces régions polaires qu'on a trouvé tant de ces gros animaux fossiles, éléphants, rhinocéros, tant d'animaux énormes qui ne se retrouvent plus nulle part, dont la race a péri, mastodontes, mammouths, etc., preuve irréfragable de ces révolutions physiques du globe.

L'existence du grand être vaporeux, nuageux, de l'eau par conséquent, est due à l'influence d'un corps céleste; il a fallu l'influence ou du fluide émis par une autre planète, ou du fluide émis par quelques unes des nombreuses comètes, pour le produire.

Le grand être vaporeux, arrivé en germe dans l'atmosphère, a tellement multiplié, que bientôt il a inondé tout le globe; l'eau s'élevant jusqu'au sommet des plus hautes montagnes, cela a duré longtemps; les eaux, profondément agitées, ont profondément remué et dissous toutes les matières, qui se sont ensuite déposées en couches de toutes sortes de nature, couches et roches pierreuses, qui renferment, même aux plus grandes hauteurs, des dépôts, des empreintes de coquilles marines et de poissons; on trouve ailleurs des animaux fossiles.

Je ne puis entrer dans le détail de la composition de la croûte du globe; ce soin regarde l'admirable science dite *géologie*, laquelle étudie et nous fait connaître la succession des couches, apprécier les époques de leur formation, et détermine même la durée de ces révolutions physiques.

Comment cet immense volume d'eau a-t-il pu disparaître? On l'a fait précipiter dans l'intérieur du globe; on a eu recours, pour cela, à l'écroulement d'immenses voûtes terrestres et les eaux se sont précipitées dans d'immenses cavités. Cela est imagination pure.

Cette trop immense masse d'eaux aurait dû noyer le globe terrestre, le tuer tout-à-fait par sa trop excessive abondance. J'en rends autrement raison.

Je dis, moi, qu'elles ont disparu graduellement, jusqu'à la quantité d'eaux actuellement existantes;

disparu en étant absorbées peu à peu, comme à présent, par les pôles, et en quantité seulement suffisante pour les besoins intérieurs du globe, pour l'accomplissement de ses fonctions vitales, et qu'il a fallu longtemps, par conséquent, pour que le volume des eaux soit amené à l'état actuel.

Cela est en concordance avec ce que j'avance de l'écoulement actuel, continuel, des eaux par les cavités polaires, et en est une preuve des plus irréfragables.

La preuve que j'en donne encore est que, puisque les mers n'augmentent pas, que le volume des eaux est toujours le même, il n'y a pas moyen de douter. Cela ne peut absolument pas s'expliquer par l'évaporation, car la quantité des pluies et rosées que reçoivent les mers est bien certainement équivalente à la quantité d'eau qu'enlève l'évaporation. Alors, que faites-vous de l'immense, de l'énorme masse des eaux qu'apportent sans cesse dans les mers les fleuves, rivières, torrents, ruisseaux? Pourquoi donc leur hauteur n'augmente-t-elle pas? J'en donne la raison, et je la déclare indubitable.

Cette eau est nécessaire au globe terrestre; sans elle, son atmosphère ne serait pas ce qu'elle est, elle serait immensément plus subtile, plus raréfiée. En témoignage, voyez la lune, qu'on croit être sans atmosphère: elle en a une cependant, je puis l'affirmer, parce qu'elle a aussi une absorption de fluide atomique, et par conséquent, sans aucun doute, elle a aussi une émission de fluide qui lui forme une atmosphère; mais comme elle

13

n'a pas les eaux, les mers, son émission de fluide doit
être d'un fluide immensément plus raréfié, plus subtil;
il l'est tellement qu'on a dit qu'elle n'avait point d'atmosphère, ce que je contredis formellement, et j'en donne
les raisons.

Je reviens à dire que l'air, l'atmosphère se renouvellent sans cesse, ainsi que l'eau. La terre a passé par
beaucoup de révolutions physiques, beaucoup de métamorphoses; d'abord elle a émis du fluide igné, à peu
près comme le soleil; ainsi, d'abord métamorphoses dans
le feu, état de fusion incandescente; puis, métamorphoses dans les eaux; ensuite, disparition des eaux
successivement et à peu près jusqu'à ce qu'elle arrive
aux quantités d'eaux de l'époque actuelle, où la voilà
planète accomplie, dans sa forme à peu près stable,
n'ayant plus, je crois, à subir que les changements que
doit amener l'âge, comme tous les corps de la nature.

Chose étonnante et bonne à remarquer, cela a de
l'analogie avec les moyens qu'emploie la nature à de
bien petites choses, à la confection de certains petits
êtres, les insectes par exemple, qui ont aussi bien des
métamorphoses, qui d'abord, ou rampent ou se traînent
lentement et péniblement sur la terre, puis deviennent
chrysalides enfermées dans un cocon, ensuite, au bout
d'un certain temps, en rompent les enveloppes et en
sortent ailés, insectes accomplis, pour aller butiner sur
les fleurs et parcourir les airs. D'autres sont d'abord
vers, habitent les eaux, puis deviennent aussi chrysalides enfermées dans un cocon qui aussi, après un

certain temps, monte à la surface de l'eau ; l'insecte finit aussi par rompre ses enveloppes et sortir ailé du sein des eaux, insecte accompli.

La terre a subi aussi ses métamorphoses.

Vous comparez, dira-t-on, les choses minuscules aux plus grandes choses, ce qui est ridicule. Peut-être bien ; mais la nature, mais Dieu ne distingue pas le grand et le petit.

> Aux petits des oiseaux il donne la pâture,
> Et sa bonté s'étend sur toute la nature.

D'ailleurs, à l'égard de l'infini, la terre est un insecte, et très petit.

Je veux qu'on cesse de considérer la terre comme un immense amas de matières sans vie ; qu'en parlant du refroidissement de la terre, on cesse enfin de croire que ce refroidissement continue encore. Ce refroidissement, je l'ai dit, n'a commencé qu'aussitôt que la terre a pris son mouvement de locomotion dans son orbite. J'en ai dit les raisons, je n'y reviens pas. Les admirables observations et investigations des savants qui leur ont fait admettre que le globe avait été primitivement en fusion, ce qui est vrai, leur ont fait enfanter beaucoup d'hypothèses qui n'étaient pas vraies, faute de savoir (ce que j'apprends) que les planètes ont commencé par être en état de rotation sans locomotion, faute de savoir aussi que le feu est le produit d'une nature de mouvement ; ont cru, entre autre, que les planètes et la terre étaient des morceaux détachés du soleil, en état, par conséquent, d'incandescence, de fusion, comme lui : erreur immense. Qu'ils se rassurent et sachent bien désormais qu'il est impossible qu'il y ait jamais aucun choc entre des corps célestes. Je veux qu'ils cessent de ne conjecturer la structure intérieure du globe terrestre que d'après les lois de la dynamique, de l'hydrostatique, erreur qui les aveugle au point que l'illustre La Place lui-même a conclu, d'après les lois de la pesanteur, que le noyau de ce sphéroïde, le globe, était formé, au centre de la terre, des matières les plus pesantes, les plus dures, en couches de rochers concentriques dispersés symétriquement autour du centre de gravité.

A la surface, à la bonne heure, l'air, l'eau et l'écorce minérale du globe sont disposés concentriquement dans l'ordre de leur pesanteur spécifique ; mais, à l'intérieur, ce n'est pas cela.

Le globe est organisé ; il a ses cavités splanchniques, organes, viscères, fluide circulateur de nature ignée, qui est son sang. Toute cette organisation est due au feu qui le vivifie ; le feu, la combustion *seule* organise, je le répète. Et comme toute combustion organise, il s'ensuit qu'il est certain que l'intérieur du globe terrestre est organisé de manière à pouvoir accomplir toutes ses fonctions.

Ce feu, il le fait lui-même par la nature de ses mouvements ; il respire par les cavités polaires le fluide atomique (le froid absolu), qu'il transforme en fluide igné, mais moins intense que celui du soleil.

Si cela n'était pas, si le globe n'était qu'un amas de matières mortes, il n'aurait pas ses mouvements annuel, diurne et d'inclinaison ; il n'existerait pas ; il serait, dès longtemps, dissous en fluide atomique, et aurait disparu dans l'infinité de l'espace , car il ne circule aucun astre mort.

On reconnaît le feu central, il est vrai , mais on croit encore qu'il diminue graduellement et sans cesse: autre grande erreur ; que si , sur mon affirmation que le globe terrestre absorbe les mers par ses cavités polaires, ainsi que le fluide atomique , et qu'il en forme un fluide qui est l'air , l'atmosphère sans cesse émise hors de lui par les pôles, si , dis-je , on m'objecte la chimie , en me disant que l'air est composé d'azote et d'oxygène , et que l'eau ne contient point d'azote , je peux me faire un triomphe de cette objection , puisque l'azote n'est, dit-on, produit que par des substances animales ; le globe terrestre est donc un être vivant , une espèce de substance animale. Quant à l'oxygène , c'est le gaz le plus pesant , c'est le plus semblable au fluide atomique ; d'ailleurs , le fluide atomique est l'élément de toutes choses , absolument de tout.

CAUSE DES VENTS.

J'ai dit que l'atmosphère est un fluide émis hors de lui par le globe terrestre et sortant continuellement par ses pôles ; il faut que j'ajoute que cela se fait tranquillement, d'une manière très calme et sans agitation violente.

Le fluide sort et s'élève très haut, mais la résistance que lui oppose le fluide atomique l'arrête ; alors son élasticité le fait se répandre tout autour du globe, cela est continuel, et son mouvement, nous ne l'apercevons pas, doux et calme qu'il est.

Voyons donc d'où viennent toutes ses agitations, tous ses courants, quelquefois très violents, très prolongés.

On dit bien, et avec raison, que cela provient des températures si différentes qui existent des pôles à l'équateur ; les variations de ces températures sont régulières et périodiques, et produisent en effet des vents périodiques et constants dans leurs directions, comme les vents alisés, les moussons, etc.

Cela est bien, mais cela ne rend aucunement raison de tous les vents irréguliers, si violents, si inconstants, si incommodes et souvent si malfaisants, vents qui soufflent de tous les points de l'horizon, tantôt d'ici, tantôt de là.

La cause en est tout-à-fait inconnue ; mais je l'ai trouvée et vais la dire. Il ne faut pas l'attribuer au globe terrestre, qui répand son atmosphère d'une manière toute bienfaisante ; mais je dis que la cause en appartient au grand être vaporeux, nuageux, dont l'existence est tout-à-fait différente et distincte de celle du globe terrestre, quoiqu'il lui soit entièrement soumis hiérarchiquement.

Qu'on fasse donc la plus grande attention à ce qui se passe dans un fort orage, un ouragan ; j'y engage fortement. On verra que c'est du sein du nuage que sortent toutes ces bouffées de vents furieux, on le verra très clairement ; c'est ce que j'ai fait bien des fois et ce dont je me suis absolument convaincu.

Des nuages on voit alors partir des vents terribles, souvent tourbillonnants, quelquefois droits, vents que les nuages soufflent avec colère, voulant et s'efforçant de détourner et chasser l'électricité terrestre qui alors les frappe et les tourmente. Ces vents si forts, qu'ils cassent et déracinent souvent les plus forts arbres et peuvent même quelquefois renverser des édifices, amener enfin les plus terribles désastres.

On sera dès lors convaincu que le grand être vaporeux, nuageux, possède en lui la faculté de souffler le vent. Or, s'il la possède, on comprend que qui peut le plus peut le moins : s'il peut souffler des vents si violents, il peut bien aussi souffler des vents modérés. On verra qu'il peut les souffler de tous les points de l'atmosphère.

Que si nous n'avons chez nous de ces violents orages que dans les grandes chaleurs de l'été, il peut y avoir de ces orages tous les jours, dans toutes sortes de climats, car on sait bien que les grandes chaleurs existent toute l'année sur le globe terrestre, soit dans un lieu, soit dans un autre ; et, comme à la suite de ces grands orages il règne souvent et longtemps de grands vents, des temps, comme on dit, dérangés, qui sont la suite de ces orages, et je viens de montrer que ces orages ont lieu très fréquemment sur le globe, à des distances très éloignées, on peut dire que tant de mauvais temps, dont on ne sait à quoi attribuer la cause, proviennent vraiment d'orages lointains, en sont des suites, car ces vents terribles, furieux, d'un orage, dont je viens de parler, se font sentir bien loin.

A présent, il est facile d'apercevoir que le grand être vaporeux doit certainement se servir de sa faculté pour son intérêt, pour son besoin particulier de locomotion ; ainsi, il souffle pour pouvoir faire voyager les nuages au gré du vent, les envoyer d'un lieu dans un autre, pour pouvoir couvrir à sa volonté telle ou telle contrée du globe terrestre.

On va se récrier et dire : Mais, si les nuages soufflent le vent, comment vont-ils au gré du vent ? Je comprends bien que si chaque nuage soufflait le vent, qui d'un côté, qui de l'autre, le but du grand être vaporeux ne saurait être rempli.

Mais ce serait alors une anarchie ; l'anarchie ne peut exister, n'existe effectivement et absolument que dans les choses humaines. Qu'on le remarque bien et qu'on s'en persuade bien, elle n'existe jamais dans les choses de la nature.

J'ai dit, qu'on se le rappelle, que dans le grand être vaporeux il y avait aussi unité et multiplicité. Eh bien ! la direction des vents appartient à sa volonté *une*; la multiplicité s'y soumet.

Ceci m'amène encore à faire remarquer que dans la nature la force qui régit, gouverne, appartient toujours à l'unité et nullement à la multiplicité ; autrement, il y aurait anarchie dans la nature, il y aurait un principe de destruction et d'anarchie : la nature ne la montre nulle part. Je répète donc qu'elle n'existe que dans les choses humaines. Il y a aussi dans les choses humaines, comme dans tout le reste, unité et multiplicité. Il faut donc imiter la nature, et ne placer la force gubernatrice des choses humaines que dans l'unité et nullement dans la multiplicité. Mais cette unité où la prendre ?

Il s'agit toujours d'imiter la nature, d'obéir à la

nature, c'est-à-dire à la volonté de Dieu, à la nature, qui ne varie pas, qui n'a pas de caprice.

Prendre pour unité, non la première venue, celle que les circonstances nous présentent, mais prendre celle que la nature, celle que Dieu nous indique, pour l'avoir établie et maintenue dans une longue suite ininterrompue de siècles, unité qui, malgré tant de vicissitudes produites par l'anarchie, existe encore, c'est là le conseil de la nature, la volonté de Dieu.

Qu'on me pardonne encore cette petite digression, que je crois utile, quoiqu'elle ne soit qu'indirectement de mon sujet, qui m'y a forcément amené.

Je ne puis me lasser de répéter que le principe de la souveraineté du peuple est faux : il place le gouvernement dans la multiplicité ; la nature nous le crie, nous le prouve, ce principe faux est principe de la destruction *inévitable*, c'est le dieu des tempêtes. J'ai dit. Tout principe admis, vrai ou faux, tend toujours, et sans aucune cesse, à produire tous ses effets, absolument tous. Tant qu'il existe, il les produit par ses efforts, successivement et jusqu'au dernier. Or, comme le principe que j'attaque a pour son dernier effet la destruction totale de toute espèce de gouvernement, de toute civilisation, j'ai cru devoir le dire.

J'ai montré, j'ai expliqué la véritable cause des vents ; je l'affirme absolument.

Que si la critique se moque et ne veut pas, je dirai à la critique ce que dit la lime au serpent :

Tu briserais toutes tes dents ;
Je ne crains que celles du temps.

La Fontaine.

Je vais plus loin, et j'ajoute que je ne crains même pas celles du temps, qui ne détruit que le faux, l'erreur dans les ouvrages de science. Je fais connaître des lois de la nature, éternelles, indestructibles et intransgressibles, que le temps respectera toujours.

Ces lois, rien ne peut les détruire, rien ! *Nec edax abolere vetustas.*

La terre a encore une autre émission de fluide : elle émet continuellement hors d'elle le fluide magnétique par deux pôles, l'un boréal, l'autre austral, fluide extrèment subtil émis avec calme. Ces pôles magnétiques sont assez éloignés des deux autres pôles du globe.

L'aiguille aimantée, qui se dirige toujours vers le nord, éprouve cependant de grandes variations, qui ne sont pas les mêmes sur tous les points du globe.

De très nombreuses observations du docteur Halley, célèbre astronome anglais, lui avaient fait conclure qu'il devait y avoir quatre pôles magnétiques, savoir : deux dans l'hémisphère boréal et deux dans l'hémisphère austral. Euler, après lui, avançait qu'il n'y en avait que deux, mais qu'ils étaient mobiles. Il est difficile de comprendre et d'admettre à la surface du globe des pôles mobiles. Tout cela n'est avancé que pour résoudre, d'une ou d'autre manière, l'extrême difficulté de trouver la cause des variations de l'aiguille aimantée.

Ce qui me paraît certain, indubitable même, c'est que l'aiguille aimantée est influencée par un organe, un viscère interne du globe, viscère qui se meut régulièrement, et la variation de ses mouvements opère les variations de l'aiguille aimantée.

DE L'ÉLECTRICITÉ.

L'électricité est une sorte de combustion produite par du mouvement. Le soleil est une grande machine électrique dont le mouvement convertit le fluide atomique en fluide igné, les deux fluides de la nature la plus opposée et qui marchent en sens contraire.

Le soleil semble attirer le fluide atomique et semble repousser le fluide igné; cependant il n'existe là ni attraction ni répulsion. La matière n'a par elle-même aucune des qualités qu'on nomme attractives et répulsives; toutes les fois que des phénomènes nous montrent ces apparentes propriétés, elles sont dues à des mouvements de matière impulsifs, allant en sens opposé: l'impulsion la plus forte triomphe d'une plus faible. Ainsi, l'impulsion forte semble exercer une répulsion, et l'impulsion faible semble exercer une attraction. Ainsi, les fluides ignés ont entre eux cette sorte de répulsion. Ainsi, on peut bien dire que le fluide igné est répulsif du fluide igné ; seulement, il faut savoir que ce n'est pas par une vertu répulsive qui lui soit propre, mais par la raison que l'impulsion la plus forte triomphe de la plus faible. Ainsi, aucun fluide igné ne peut parvenir au soleil.

Le globe terrestre est plongé dans ces deux fluides atomique et igné, qui affluent sans cesse sur sa surface et dans son intérieur ; ainsi, son mouvement, son action s'exerce sur ces deux fluides, et le produit en est multiple : le produit est d'abord le fluide atmosphérique et les fluides magnétiques.

De plus, ainsi que je l'ai dit, outre les deux fluides atomique et igné, il afflue aussi dans dans l'intérieur du globe continuellement une certaine masse de l'eau des mers. De tout cela résulte, par l'élaboration, par la combustion vitale du globe, résulte, dis-je, l'émission incessante des fluides atmosphérique et magnétique.

Le mouvement du globe terrestre dans l'espace étant bien différent de celui du soleil, qui est à peu près immobile dans l'espace, les produits doivent être aussi bien différents.

Tous les corps sont formés par la combinaison des deux fluides primordiaux en différentes proportions, par ces deux fluides qui, dans les corps, éprouvent diverses sortes de mouvements, éprouvent, par conséquent, diverses sortes de transformations, et, dans ces transformations, ces deux fluides tiennent presque toujours un peu plus de l'un ou un peu plus de l'autre ;

rarement ils ont une transformation exactement mé-
diate.

Ces deux fluides arrivent purs à la terre et aux corps
qui sont à sa surface , et, dès qu'ils arrivent, ils subissent
des transformations quand ils pénètrent le globe ou ces
divers corps.

Le fluide igné est celui qui les pénètre le moins ; il se
réfléchit presque tout et s'éloigne. Le fluide atomique
ne peut se réfléchir ; il pénètre le globe et tous les corps,
et y subit des transformations diverses , suivant le mouvement qu'il y éprouve. Ainsi , dans les deux fluides
magnétiques du globe , le boréal et l'austral , l'un se
rapproche un peu plus du fluide atomique , et l'autre
un peu plus du fluide igné , de même que le fluide atmosphérique se rapproche un peu plus du fluide igné que
du fluide atomique.

De tous les corps gazeux connus , le plus semblable
au fluide atomique est l'oxygène , le plus semblable au
fluide igné est l'hydrogène, et tous ces corps gazeux sont
le produit de mouvements différents.

Il faut faire une remarque essentielle : le soleil reçoit
l'électricité atomique et transmet en échange l'électricité ignée ; l'espace est le conducteur.

Le globe terrestre reçoit , lui , les deux électricités ,
ce qui donne lieu aux phénomènes que nous allons
examiner.

Le soleil ne reçoit qu'un fluide , il n'y a sur son
globe qu'un fluide électrique ; la terre reçoit deux
fluides , il y a sur le globe terrestre deux fluides
électriques.

Voyons comment l'électricité se produit pour reconnaître que vraiment elle est une nature particulière de combustion, produite par du mouvement ; elle se produit :

1° Par le contact d'un corps à l'état naturel avec un corps électrisé ;

2° Par le contact de deux corps à l'état naturel ;

3° Par le frottement de deux corps à l'état naturel ;

4° Par l'échauffement des corps ;

5° Par le changement d'état des corps.

Tous les corps dans leur composition tiennent un peu plus de l'un ou de l'autre des deux fluides primordiaux et, par conséquent, ont ce qu'on appelle un peu d'affinité pour le fluide qui est en moins dans leur constitution générale. Tous les corps sur la terre sont baignés dans ces deux fluides magnétiques, boréal et austral, et ont un peu d'affinité pour l'un ou pour l'autre ; ces deux fluides sont aussi les deux fluides électriques, quand ils sont détournés de la direction de leur mouvement.

Les corps dans lesquels la nature du fluide atomique prédomine un peu ont affinité pour le fluide boréal ; ceux où prédomine un peu le fluide igné ont de l'affinité pour le fluide austral. L'hémisphère terrestre boréal étant un peu plus échauffé que l'autre, le fluide boréal doit tenir un peu plus du fluide igné, l'austral un peu plus du fluide atomique ; mais cette différence est si faible, qu'elle n'est presque pas apercevable.

Tous les corps ont un mouvement de combustion

quelconque, soit extrêmement faible et lent, soit plus ou moins énergique; par conséquent, ils ont tous un afflux et un efflux de matière; de là vient que les uns transmettent une électricité qui tient plus du fluide atomique, d'autres une électricité qui tient plus du fluide igné; on pourrait dire autrement, que l'une est plus semblable à l'oxygène, l'autre plus semblable à l'hydrogène.

Un corps électrisé est un corps sur la surface duquel on a fait affluer de l'une ou de l'autre électricité; dès que ce corps est mis en contact avec un autre qui est à l'état naturel, il lui cède de cette électricité. En mettant en contact deux corps isolés à l'état naturel, l'un des corps prend de l'électricité d'une sorte, l'autre corps prend de l'électricité de l'autre sorte; mais ces électricités sont si faibles qu'on peut à peine les distinguer. Cependant si ces corps, mis en contact, sont de nature différente, l'intensité de l'électricité est plus forte.

C'est sur cette propriété des corps qu'est basée la pile galvanique. Deux corps isolés et à l'état naturel donnent toujours, par le frottement, l'un l'indice d'une sorte d'électricité, l'autre corps l'indice de l'autre électricité. Je crois qu'on pourrait appeler ces deux électricités, l'une boréale, l'autre australe.

C'est sur cette propriété du frottement de produire de l'électricité qu'est basée la construction des machines électriques.

Plusieurs corps acquièrent de l'électricité en les

chauffant ; je citerai particulièrement la tourmaline, sorte de pierre cristallisée en prismes, parce qu'elle présente des particularités remarquables, d'où nous pourrons tirer des conclusions.

Elle s'électrise fortement par la chaleur ; si on l'échauffe graduellement, son électricité augmente jusqu'à ce qu'on arrive à la température de 100° centigrades ; elle est alors à son maximum d'intensité ; et, chose remarquable, en continuant à la chauffer, son intensité électrique diminue graduellement jusqu'à cesser tout-à-fait.

Cela ne prouve-t-il pas incontestablement ce que j'ai dit du mouvement, qu'il ne pouvait jamais dépasser une certaine limite ! Poursuivons.

Une autre particularité de la tourmaline, c'est de s'électriser en même temps des deux électricités ; une de ses extrémités s'électrise positivement, je dirai, moi, du fluide austral, tandis que son autre extrémité s'électrise négativement, je dirai du fluide boréal. Parvenu à la température où, comme je viens de le dire, elle cesse de donner signe d'électricité, si on continue à élever cette température, on voit l'électricité renaître et augmenter d'intensité, mais cette fois en sens inverse, c'est-à-dire que l'extrémité qui montrait l'électricité positive (australe) montre l'électricité négative (boréale) ; son autre extrémité, qui montrait l'électricité négative (boréale), montre à présent l'autre, la positive (l'australe).

Les rôles sont intervertis.

Nouvelle preuve, de plus en plus concluante, que la vitesse de mouvement, quoi qu'on fasse, ne peut jamais être ni en deçà ni au-delà d'une certaine limite, qui est celle de la vitesse absolue dans l'espace.

Les physiciens se sont assurés, par de nombreuses expériences, que le changement d'état des corps, produit de l'électricité; ainsi, quand ils passent de l'état solide à l'état liquide, de ce dernier état à l'état gazeux, *et vice versâ*, il se produit de l'électricité. Il ne peut en être autrement, parce que ce changement ne se fait que par un changement de combustion. On pourrait croire que l'électricité, par contact des corps, échappe à ce que j'ai dit et qu'elle n'est pas produite par du mouvement; mais je ferai observer que tous les corps ayant un mouvement de combustion quelconque, par conséquent un afflux et un efflux de fluide, il arrive que, par leur contact, ce mouvement se trouve gêné et dérangé, et que leur afflux ou émission doit les traverser.

Si les deux corps sont semblables, l'électricité est à peine apercevable; mais s'ils sont différents, l'intensité de l'électricité est plus forte, et, de chaque côté, on en aperçoit une différente. Lorsque deux métaux sont en contact, le plus oxydable manifeste l'électricité positive, que j'appelle australe, et le moins oxydable manifeste l'électricité négative, que j'appelle boréale. Ainsi, on voit que c'est un mouvement gêné qui en nécessite un autre.

L'électricité est donc une nature de mouvement qui s'empare des fluides magnétiques austral ou boréal, suivant la propriété du corps en mouvement d'avoir plus d'affinité pour l'un que pour l'autre, et qui fait naître une sorte particulière de combustion, c'est-à-dire une transformation ignée, et aux fluides et aux corps qui sont soumis à ce mouvement.

La combustion solaire est simple, c'est l'afflux d'un fluide et sa transformation en un fluide de nature toute opposée; mais, sur la terre, la combustion est plus compliquée : elle est double, parce que les deux fluides atomique et igné y affluent, que la combustion y a besoin de l'union de ces deux fluides pour exister, et que sa production est multiple, est le fruit de nouvelles transformations, l'effet de toute combustion étant de transformer.

La combustion électrique agit donc sur les fluides magnétiques austral et boréal, dont elle change le cours tranquille, et cette opération agit sur les corps qui en sont traversés et dont la substance est enlevée et l'harmonie dérangée.

L'électricité, c'est le magnétisme terrestre soumis a un mouvement autre que le mouvement normal.

Quant aux attractions et répulsions électriques, je ferai remarquer que le cours normal des deux fluides magnétiques est de marcher dans deux directions opposées, par conséquent les fluides électriques aussi ; il y a deux courants opposés, d'où il résulte que deux corps électrisés de même ne peuvent pas aller l'un à l'autre et semblent se repousser, tandis que deux corps électrisés, d'électricité différente, semblent s'attirer, parce

que les courants auxquels ils appartiennent vont en
en sens opposé, et qu'ils vont l'un à l'autre et semblent
s'attirer.

Ainsi, les attractions et répulsions de l'aimant et de
l'électricité sont dues à des courants de matière impulsifs allant en sens opposé.

Des savants physiciens ont démontré enfin, par des
expériences très exactes et très délicates, que les attractions et répulsions électriques suivent la loi de la gravitation universelle, et qu'elles sont en raison inverse du
carré des distances. Or, comme j'ai fait savoir que
la gravitation universelle et les répulsions étaient dues
à l'impulsion des fluides atomique et igné marchant
en sens opposé, il demeure démontré que les attractions et répulsions électriques sont dues à la même
cause, à des courants de matière allant en sens opposé.

Examinons quelques effets de l'électricité accumulée.
L'électricité accumulée sur la surface d'un corps y est
maintenue par la pression élastique de l'air ; si l'accumulation est assez forte pour surmonter la pression de
l'air, elle se dégage avec force et produit de la lumière ;
elle peut briser les corps qu'elle traverse, enflammer
les corps combustibles, fondre et vaporiser les métaux,
et vaporiser les liquides.

Toutes les fois qu'on approche d'un corps électrisé
un corps à l'état naturel, ou électricité de l'électricité
contraire, et qu'on l'approche assez pour que l'électricité puisse vaincre la pression de l'air, l'électricité se
porte en masse sur le corps approché, et par ce mou-

vement rapide, instantané, produit de la lumière.

La couleur de l'électricité varie, soit par la nature et la densité du milieu que la lumière traverse, soit par la nature du corps avec lequel on la soutire à la pression ordinaire de l'air. Si on soutire par une sphère de métal l'électricité accumulée sur son conducteur métallique, la lumière produite est blanche; si l'étincelle est retirée avec la main, elle est violacée; elle est rouge si l'explosion est produite par de l'eau ou de la glace; enfin sa teinte peut varier depuis le blanc le plus éclatant jusqu'au violet le plus tendre, selon la distance à laquelle l'électricité est transmise.

Preuve frappante de ce que j'ai déjà dit, que la couleur de la lumière est produite par la nature du mouvement qu'elle éprouve dans les corps ou dans les milieux qu'elle traverse; que la couleur d'un rayon du soleil est blanche, et n'est nullement un faisceau de rayons colorés, dont la réunion produit le blanc et la désunion les couleurs.

Opinion provenue de l'expérience de Newton, de ce qu'il appellait la décomposition de la lumière par le prisme, opinion fausse.

La lumière est blanche et elle prend des couleurs diverses, par des mouvements nouveaux, divers.

Il faut encore remarquer que non seulement une forte détonation électrique produit de la lumière, mais que cette lumière, comme celle qui provient des corps en ignition, a la propriété d'enflammer les corps combustibles; et cependant un thermomètre placé dans un fort courant électrique ne donne aucun signe d'augmentation de température.

Cela fournit encore la plus grande preuve que le feu n'est produit que par une nature de mouvement ; ici le feu n'existe pas encore dans ce fort courant électrique, mais il devient feu par le nouveau et instantané mouvement qu'il subit dans le corps combustible qu'il frappe, parce que ce nouveau mouvement devient instantanément plus courbé.

Il en est de même du rayon solaire : dans son trajet du soleil à la terre, il n'y a pas température élevée, mais seulement quand il frappe les corps.

Je ferai observer encore que les physiciens, ayant remarqué que l'électricité de la bouteille de Leyde et celle des piles galvaniques absorbait de l'oxygène, ont voulu s'assurer si cette absorption était absolument nécessaire à la pile pour que son action se développât, et pour cela, ayant placé l'appareil électromoteur sous la cloche d'une machine pneumatique, dans le vide, ils ont vu que l'action de la pile était absolument la même dans le vide que dans l'air.

Mais, faute de connaître l'existence du fluide atomique, ils n'en ont rien conclu, sinon que tout portait à croire que cet appareil avait une action à lui propre, indépendante de l'oxygène.

Mais j'en conclus, moi, que le fluide atomique étant la base de l'oxygène, c'est lui qui fait fonctionner l'appareil en remplaçant l'oxygène : car, dans le vide de la machine pneumatique, on a pompé l'air seulement, mais le fluide atomique y pénètre quoi qu'on fasse.

J'ai dit déjà qu'il n'y avait aucune combustion absolument sans absorption et émission hors d'elle d'un fluide. Or, l'électricité est une sorte de combustion, et ici, ne pouvant absorber de l'oxygène, elle absorbe le fluide atomique.

J'ai déjà montré, dans le chapitre de la combustion, un exemple d'une combustion, pouvant sur la terre, s'alimenter de fluide atomique : c'est celle du phosphore en certain cas.

Ce ne sont pas là de faibles preuves de la réalité de ma découverte du fluide atomique ; son existence ne peut être rejetée, ni ce que je dis, qu'il est l'élément du feu, l'élément absolument de toutes choses.

Il n'y a qu'un cas sur la terre, du moins je n'en connais qu'un, d'une combustion où il y a absorption de fluide sans émission apparente de fluide ; c'est celle de l'oxydation des métaux, qui ne produit point de chaleur, point d'émission de fluide : mais aussi, le métal étant oxydé, la combustion s'arrête, et le métal oxydé a augmenté de poids par son absorption de l'oxygène.

Il y en a des exemples dans le ciel : ce sont les astres que les astronomes appellent étoiles nébuleuses. Ces étoiles ont une énorme absorption de fluide atomique et une très faible émission de fluide igné, parce qu'elles prennent beaucoup d'augmentation de volume, et cela pendant des siècles. J'ai traité ce sujet dans mon chapitre sur la voie lactée.

L'électricité étant une chose assez connue, je n'ai

fait cette digression sur elle que pour fournir beaucoup de preuves de la vérité de mes principes nouveaux ; elle fournit une preuve sans réplique que le feu est le résultat d'une nature de mouvement curviligne. En effet, ici vous voyez que le fluide magnétique ne manifeste aucun indice de feu ; il n'en montre que lorsqu'il est détourné de sa direction par la rotation de la roue de verre de nos machines électriques ; alors seulement vous voyez des étincelles de feu.

De même le fluide magnétique ne devient fluide électrique, fluide de feu, que lorsqu'il est détourné de sa direction horizontale par la volonté du globe terrestre, qui lui donne une direction verticale pour l'envoyer ainsi aux nuages qu'il veut attaquer. Je traite plus amplement ce sujet dans mon chapitre sur le grand être vaporeux et sur l'eau.

On recherche depuis fort longtemps la cause de la salure des eaux des mers, sans avoir abouti à rien de satisfaisant ; je pense, moi, et dis que la salure des mers provient d'une sécrétion d'humeur salée qui se fait dans l'intérieur du globe, humeur salée qui est dirigée sans cesse sur l'écorce du globe, de même que dans le corps humain, par exemple, l'urine est dirigée sur la vessie, le lait sur les mamelles, etc., sécrétion opérée par quelques glandes.

Le globe, dis-je, opère cette secrétion par quelque organe et dirige cette humeur sur la peau, c'est-à-dire sur la croûte qui l'enveloppe. Aussi, il y en a de vastes dépôts en bien des lieux ; il y en a des carrières exploitées en Bavière, en Pologne, en Hongrie, en Sibérie et même en France.

Or, la surface du globe couverte par les mers étant plusieurs fois plus grande que la surface non submergée, il est bien certain que cette humeur salée y est dirigée aussi en beaucoup de points; mais là elle elle ne peut pas devenir concrète, parce que les eaux s'en emparent à mesure qu'elle arrive, et, par la grande agitation des eaux des mers, la salure se répand par toutes ces eaux, et la salure des mers est toujours la même, n'augmentant ni ne diminuant jamais d'intensité.

Cependant il y a certains lieux où la salure est plus forte que dans d'autres, ce qui prouve qu'il est des lieux où le globe dirige plus abondamment l'humeur salée que dans d'autres. Cette dernière remarque prouve deux choses, savoir :

1° L'eau douce, qui afflue sans cesse et en si grandes masses dans les mers, devrait arriver à diminuer très sensiblement la salure des mers, ce qui n'étant pas, prouve que la sécrétion de l'humeur salée qui se fait dans les cavités splanchniques du globe est continuelle ou à périodes très rapprochées, humeur toujours dirigée à la surface;

2° Prouve, que l'eau salée des mers se précipite sans cesse dans l'intérieur du globe par les cavités polaires, et en même quantité d'eau salée que la quantité d'eau douce qui afflue dans les mers. Si cela n'était pas, l'intensité de la salure devrait augmenter. Si on objectait que la salure ne peut pas augmenter, les eaux étant en état de saturation, je répondrais que, dans cet état, les eaux laisseraient tomber un précipité de sel sur le sol des mers, ce qui n'a lieu nulle part.

Ainsi, la salure des mers provient indubitablement de la sécrétion d'une humeur salée qui se fait dans les entrailles du globe, humeur toujours envoyée à la surface; et la chute continuelle de l'eau salée des mers dans l'intérieur du globe par les cavités polaires, jointe à l'arrivée toujours nouvelle des eaux douces dans les mers et en quantité pareille à celle des eaux salées englouties dans les pôles, produit dans la salure des mers une intensité toujours égale, à peu près.

Je m'aperçois, en finissant, que j'ai fait une omission en traitant du fluide igné; je répare cet oubli.

Lorsque le fluide igné arrive sur un corps, sur le globe terrestre par exemple, une grande partie se réfléchit, une autre partie pénètre ce corps en se réfractant. Pourquoi? Expliquons-nous. J'ai dit les globules ignés être sphériques, avec un mouvement de rotation sur eux-mêmes, autour d'un axe terminé par des pôles; il faut que j'ajoute que le globule igné, qui est bien certainement un globe en fusion, reçoit par conquent, et certainement par son mouvement de rotation, la forme d'un sphéroïde légèrement aplati aux pôles, forme qu'ont prise les planètes.

Ce globule est éminemment élastique, mais cette élasticité n'est pas égale sur tous les points du globule, parce que l'élasticité est le résultat d'un retrait du globule sur lui-même : c'est l'action du choc; retrait suivi tout de suite de la reprise de sa première forme: c'est la réaction du choc. Donc dans l'élasticité il y a toujours action et réaction. L'action de retrait sur lui-même ou du choc doit être bien faible si le globule frappe un corps par ses pôles, parce que son axe ne peut subir que bien peu de retrait, de même que son équateur ne peut guère subir d'extension.

En cet état, le globule ne peut développer assez d'élasticité pour rejaillir, c'est-à-dire pour se réfléchir, pressé qu'il est d'ailleurs par les autres globules du rayon igné qui le suivent, et il pénètre dans le corps choqué, mais avec une réfraction produite par la résistance du corps.

Lorsque, au contraire, le globule igné frappe un corps par son équateur, c'est-à-dire dans une position où son axe est parallèle avec la surface du corps choqué, alors son élasticité agit dans toute sa force, et le fluide igné se réfléchit. Ainsi, les globules ignés, dans leur trajet du soleil à la terre, n'ont pas tous la même position de leur axe; un grand nombre ont une inclinaison de leur axe qui n'est pas perpendiculaire avec la ligne de leur parcours, et cette inclinaison de leur axe n'est pas non plus la même pour tous et forme des angles divers. Ainsi, à leur arrivée au corps, les globules le frappent diversement : cela donne l'explication des phénomènes de la réflexion et de la réfraction de la lumière. La réflexion se fait de manière que l'angle de réflexion est égal à l'angle d'incidence, la réfraction de manière que la ligne est brisée, ou s'écarte de la ligne droite.

Dans la réfraction, le fluide igné pénètre dans un corps et y subit des changements opérés par la nature du mouvement qu'il y éprouve.

Les physiciens sont parvenus par des opérations de réflexion et de réfraction diverses sur un rayon de lumière, a obtenir que tous les globules de ce rayon se comportassent de la même manière, c'est-à-dire aient tous la même inclinaison de leur axe ou le même parallélisme de leur axe avec la surface du corps choqué ; c'est ce qu'ils appellent la lumière polarisée.

Cette lumière polarisée, à son arrivée sur un corps, ou se réfléchit entièrement, ou bien pénètre entièrement le corps, se réfracte entièrement. Ils ont aussi obtenu de la lumière colorée polarisée.

Pour connaître toutes ces belles expériences, qui ne sont pas de mon ressort, je renvoie aux ouvrages des physiciens ; je fais seulement la remarque qu'ils se trompent en croyant décomposer la lumière, que ces prétendues décompositions et recompositions de la lumière n'en sont nullement, mais sont le résultat des changements éprouvés par des mouvements différents dans les corps. Leurs travaux sont admirables, et ils ne pouvaient pas conclure autrement de leurs expé-

riences ; car enfin on ne savait pas alors ce que c'est
que la clarté, la lumière, ce que c'est que le feu; on
ne savait pas que la clarté vient des ténèbres, que le
feu vient du froid, et que tout cela n'est que le résultat de la diversité des mouvements dans l'espace.

En voilà assez quant à présent. Si je m'appelais
Horatius Flaccus, je pourrais dire :

> Exegi monumentum ære perennius ;
> Regalique situ pyramidum altius,

Ou bien Ovidius Naso.

> Jamque opus exegi, quod nec Jovis ira, nec ignes,
> Nec poterit ferrum, nec edax abolere vetustas.

Mais on ne se permet plus tant d'orgueil, ce n'est
pas de mode. Je dirai seulement avec modestie. L'univers était enveloppé d'un voile épais qui nous le cachait
entièrement, j'ai enlevé ce voile et le montre tel qu'il
est; c'était un impénétrable mystère, il ne l'est plus.
Je livre au monde la clef du magasin qui renferme
toutes les découvertes ; je montre la vérité tirée du
puits ; je la montre toute nue, toute pure.

J'ajoute encore avec modestie qu'il n'y a rien de si
beau dans le monde que mon ouvrage et ses flots de
lumière.

C'est le plus beau don qu'on puisse faire au genre
humain.

> Non omnis moriar.

FIN.

TABLE DES MATIÈRES

ERRATA.

—

Page 24, ligne 13 ; de siècles, les planètes, etc., *lisez* les étoiles, les planètes, la terre.

Page 37, ligne 20 ; immobile : aussi, *lisez* immobile aussi.

Page 38, ligne 24 ; de l'espace sur sa matière, *lisez* de l'espace sur la matière.

Page 52, ligne 18 ; quocumque, *lisez* quodcumque.

Page 71, ligne 2 ; errore, *lisez* terrore.

Page 71, ligne 9 ; raperet, *lisez* ruperet.

Page 124, ligne 4 ; tous organes, *lisez* tous les organes.

Page 145, ligne 18 ; s'arrete comme, *lisez* s'arrête. Comme.

Page 170, ligne 20 ; son empire, *lisez* ton empire.

Page 174, ligne 7 ; est toujours, *lisez* c'est toujours.

Page 204, ligne 21 ; de destruction et d'anarchie, *lisez* de destruction et l'anarchie.

LYON, IMP. ET LITH. NIGON, RUE CHALAMONT, 5.